털 빠진 원숭이, 진화론을 생각하다

국립중앙도서관 출판시도서목록(CIP)

털 빠진 원숭이, 진화론을 생각하다
/ 노무라 준이치로 지음 ; 임경택 옮김.
– 서울 : 소와당, 2010
   p. ; cm – (지구를 생각하는 Green series ; 001)

원저자명 : 野村潤一郎
일본어 원작을 한국어로 번역
ISBN 978-89-93820-20-1 44400 : ₩10,000
ISBN 978-89-93820-22-5(세트)

동물학[動物學]

490-KDC5   CIP2010002971

ⓒNomura Junichiro 2006
All right reserved
Original Japanese edition published by Chikumashobo LTD.
Korean publishing rights arranged with Chikumashobo LTD.
through BC Agency

이 책의 한국어판 저작권은 BC에이전시를 통해 저작권자와 독점 계약한 (주)소와당에 있습니다
저작권법에 의해 한국 내에서 보호받는 저작물이므로 무단 전재와 복제를 금합니다.

지구를
생각하는

G

Green Series

001

털 빠진 원숭이,
진화론을 생각하다

노무라 준이치로 지음
임경택 옮김

소와당

차례

머리말 09

01 생명체에도 마음은 있을까

기린 목뼈는 7개, 두더지도 7개, 인간은 17
마음이 없으면 살아갈 수 없다 22
수컷 사슴벌레의 위험한 도전 25
화분은 왠지 버리기 힘들어 30
지구도 마음은 있는 것 아닐까 33

02 개와 고양이는 어느 정도 다른 동물일까

개와 고양이는 얼마나 다른 동물일까 39
바다로 간 개와 고양이의 친척들 42
개와 고양이가 헤어진 이유,
조금씩 천천히 변해갔다 44
일격필살의 고양이, 집단전법의 개 46
육식동물로서는 완벽한 스펙 vs
어딜 가도 괜찮은 신체구조 50
호랑이 같은 개과 동물이 없는 이유 54
필요하기 때문에 여러 종류가 있다 57

인간은 어디에서 왔을까 99

인간은 육상동물인데 왜 털이 적을까 101

인간과 동물은 어떻게 다를까 104

동물 중에서 가장 머리가 좋은 종은? 108

인간도 진화하여 다른 종류가 될 가능성은 있을까 111

진화와 생명의 불가사의

인간은 어디에서 와서 어디로 가는가

리치(Riche)하면 니치(Niche)가 없다 61

젖을 먹이는 파충류도 있었다 65

바다의 포유류는 다시 아가미 호흡으로 돌아갈 것인가 69

살아 있는 화석이라 불리는 생명체는 왜 진화가 멈춘 것일까 72

새끼를 낳는 동물이 알을 낳는 동물보다 고등한 것일까 76

유대류(有袋類): 주머니늑대는 주머니개가 되지 않는다 79

1대 잡종: 별종끼리라도 새끼를 만들 수 있다 81

인간과 잡종이 될 수 있는 동물이 있을까 86

개와 고양이의 잡종은 가능할까 90

세인트버나드와 치와와의 잡종은 가능할까 92

뿔이 달린 호랑이를 살린다 94

곤충이 지배하는 별, 지구 119

곤충은 어디에서 왔을까 121

곤충이 진화하면 척추동물이 될까 124

곤충은 위대하다
05

06
음식과 생명체의 관계

입모양을 보면 먹이를 안다 129

하나만 먹을까, 모두 먹을까 132

원숭이가 먹이를 먹다 말고 버리는 이유 134

흡혈박쥐는 왜 피를 빨아 먹을까 138

늑대는 키운 인간을 먹이로 생각하지 않는다 142

인간은 동물과 어떻게 만나면 좋을까 147

동물을 키우는 것은 오만? 149

가축은 평생 새끼이다 151

모든 개는 늑대보다 강하다 153

주인의 애정을 이해하는 사슴벌레가 있을까 155

생명체를 키워서는 안 되는 사람은 누구 159

인간과 동물 07

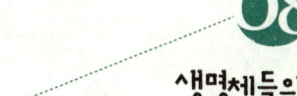
생명체들의 감정 08

저자 후기 187

고구마를 씻어 먹는 원숭이 163

귀여움에도 법칙이 있다 169

다른 사람의 개에게 "손!"은 대단한 실례 172

먹히기만 하는 소나 돼지도 태어나는 의미가 있을까 175

포식당하는 동물은 매일 살아 있다는 기분이 안 든다? 178

다시 태어난다면 가장 불행한 동물은 무엇일까 182

다시 태어난다면 가장 행복한 동물은 무엇일까 185

머리말

지구에는 왜 이렇게 많은 생명체가 있을까

도대체 지구에는 왜 이렇게 많은 생명체가 있을까? 필요하기 때문이다.

세상에 쓸모없는 생명은 없다. 죽어서 식물의 거름이 되는 것이 있는가 하면, 포식자의 먹이가 되는 것도 있다. 꽃가루를 수정시키는 역할을 담당하는가 하면 동물의 사체를 해체하는 역할을 맡기도 한다. 모두들 나름대로 맡은 바 일이 있다. 죽은 후에도 다른 동물의 먹이가 되거나, 식물의 거름이 된다. 인간을 포함해서 생명체의 세계는 전부가 이어져 있다.

요컨대 기계의 톱니바퀴와 같다. 하나라도 빠져서

는 안 된다. 톱니바퀴 이빨이 몇 개 빠지면 기계는 돌아가지 않게 된다.

현대에 와서 많은 동물 종이 점점 멸종해 가고 있다. 이런 상태는, 지구를 손목시계로 본다면, 시간은 표시되지만 날짜 표시 기능은 고장나버린 정도일지도 모르겠다. 자동 태엽 시계의 기어에 해당하는 동물이 몇 종 멸종하고, 니치의 공백(17쪽 참조)이 몇 개 생겨나, '어딘가 모르게 조금 이상하다.'고 느끼는 단계라고나 할까?

실은, 현대는 지구가 시작된 이래 가장 많은 동물 종이 멸종된 시대라고 일컬어진다. 식물과 동물 등 모든 생명체를 통틀어 하루에 800종 가까이 멸종되고 있다고 한다.

'하루에 800종이나 멸종된다고? 믿을 수 없군!' 아마도 이 책을 읽는 독자는 그렇게 생각할지도 모른다. 인간은 자신이 지각할 수 있는 대상에만 주목하기 때문에 실감이 나지 않을 뿐이다. 즉 코뿔소, 벵골호랑이나 침팬지처럼 쉽게 알 수 있는 동물들만 살아 있으면 인간도 괜찮을 거라고 믿어 버린다. 이런 유명한 야생동물들이 멸종되지 않기 위해서는, 실제는 평소에 인간이 전혀 상대도 하지 않던 벌레나 잡초와 같은, 눈의 띄지 않는 생명체의 멸종을 막아야 할 필요가 있다.

진딧물이 없으면 개미가 곤란해지고, 박가시나방이 없어지면 풍란은 꽃가루를 받을 수가 없게 된다. 모든 생명체들이 지구에 없어서는 안 될 정규멤버인 것이다. 하나가 부족하면 연쇄적으로 그 수백 배의 동물이 소멸할 가능성이 있다.

참새 따위가 뭔 상관이람, 이렇게 생각하는 사람들을 위해 좀 더 설명을 하면,

풍란의 꽃 아래에는 '꿀주머니'라고 하는 긴 양말같이 생긴 주머니가 튀어나와 있다. 꽃가루를 받기 위해서는 거기에 쌓인 꿀을 빨러 오는 생명체가 있어야 한다. 꽃에 앉아 빨아도 좋겠지만, 대개의 곤충은 입이 거기까지 닿지 않는다. 꽃에 앉지 않고 꿀을 빨기 위해서는 공중에 정지할 수 있는 생명체가 필요하다. 긴 주둥이를 가지고, 꽃에 앉지 않고 그런 일을 할 수 있는 곤충은 박각시나방밖에 없다. 그러니까 박각시나방이 없으면 풍란은 멸종된다. 절묘한 자연의 설계라고 생각하지

풍란은 박각시나방이 없으면
수정을 할 수 없어
멸종하게 된다.
세상의 생명체는 모두 정규 멤버이다.

꿀을
빨아먹고
있는
박각시나방

않는가?

　이러한 직접적인 관계가 아니더라도, 비가 오면 우산장수가 돈을 버는 식으로, 간접적으로 주변에 있는 하찮은 벌레가 인간과 연결되어 있을 가능성은 매우 높다.

　즉 지구상의 생명을 가진 종족은 모두 정밀한 기계의 부품처럼, 직·간접적으로 서로 관련되어 있다고 생각하라. 이미 천문학적인 숫자의 생명들이 톱니바퀴를 이루고 있다. 단순한 기계는 한두 개의 톱니바퀴가 고장이 나면 금방 어디가 못쓰게 되었는지 알 수 있지만, 복잡한 기계일수록 한두 곳이 부서져도 어디가 문제인지 알 수가 없다. 지구 생태계와 같은 복잡한 톱니바퀴는 또한 수백 개의 톱니가 사라지더라도 얼핏 보면 잘 돌아가는 것처럼 보이기도 하기 때문에 안심해서는 안 된다. 끊임없이 일어나는 작은 부품의 결함을 어딘가에서 막지 못하면, 언젠가는 모든 움직임이 완전히 정지하게 될 것이다.

생명체에 마음은 있을까

- 기린 목뼈는 7개, 두더지도 7개, 인간은
- 마음이 없으면 살아갈 수 없다.
- 수컷 사슴벌레의 위험한 도전
- '화분은 왠지 버리기가 힘들어'
- '지구도 마음은 있는 것 아닐까'

기린 목뼈는 7개, 두더지도 7개, 인간은

지구는 살아있는 별이다. 이 별 위에서 수많은 생명체가 서로 관계를 맺고, 영향을 주고 받으면서 살아가도록 환경의 균형이 잡혀 있다.

왜 새들이 하늘을 나는가 하면, 땅은 꽉 차서 있을 곳이 없기 때문이다. 고래가 왜 바다를 헤엄치는가 하면, 역시 땅보다도 그곳이 편하다고 생각하기 때문이다. 이런 식으로 각각의 동물들은 다른 동물들이 존재하는 틈새를 발견하여 적응하고 진화해서 이러저러한 동물이 되어 있다. 이것을 '니치(niche)'라고 한다.

예를 들면 인간이 멸종하면 지구상에 인간의 위치

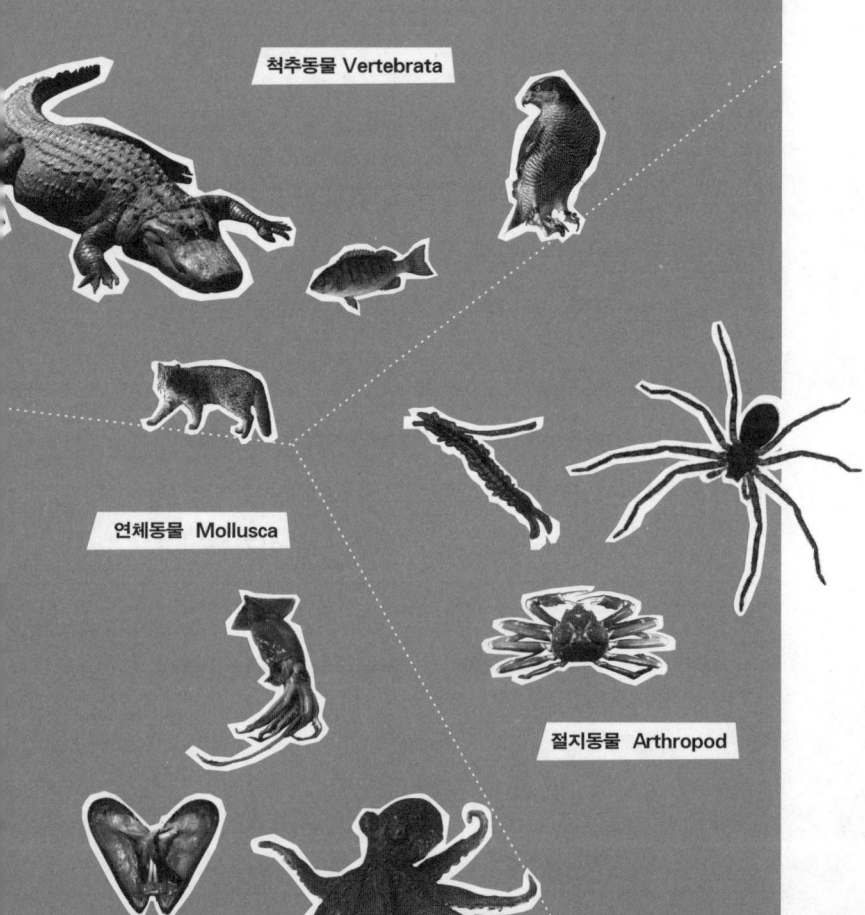

동물의 분류

척추동물 Vertebrata
척추를 가진 동물. 어류, 양서류, 파충류, 조류, 포유류
절지동물 Arthropod
몸은 외골격으로 덮여 있다. 곤충류, 갑각류, 거미류, 지네류
연체동물 Mollusca
몸은 골격이 없고, 점막으로 덮여 있다. 조개류, 오징어, 문어, 군소 등

척추동물 Vertebrata

연체동물 Mollusca

절지동물 Arthropod

가 비게 된다. 그것을 '니치의 공백'이라고 하는데, 그렇게 되면 '인간이 있던 장소가 현재 우리들이 있는 곳보다 더 좋겠다.'라고 하는 종이, 한번에 변화하여 인간의 빈 자리를 차지하게 된다.

그런데 지구상에 살고 있는 모든 생명체는 두 가지 공통점을 가지고 있다. 우선 생명을 지니고 있다는 것. 그리고 또 하나는 탄소계의 구조를 갖고 있다는 것이다.

간단히 이야기하면 금속이나 유리로 만들어진 생명체는 없고, 모두 단백질과 탄수화물, 지방 등으로 만들어져 있다는 말이다. 심장이 티탄 금속, 뇌가 실리콘, 눈동자가 스웨덴 구리, 손톱이 졸린겐으로 만들어진, 그런 동물은 없다.

다시 말하면 어떤 동물도 기본구조는 동일하다. 그러므로 점점 분해해 가면, 특히 시계를 분해하는 것과 같이 나사 하나하나까지 분해해 가면, 지구에 있는 생명체는 단 하나의 재료로 만들어져 있다.

확실히 척추동물, 연체동물, 외골격 절지동물의 구조는 상당한 차이가 있다. 외골격이라는 것은 몸의 바깥에 껍질이 있는 새우나 게, 곤충이나 거미 등이다. 이

세 종류의 생명체(나중에 좀 더 상세하게 설명하겠다)는, 몸의 구조는 상당한 차이가 있지만, 재료를 보면 모두 공통 재료로 구성되어 있다. 거미만이 은하계 밖에서 유래한 광물질을 포함하고 있다든지 하는 일은 없다.

그렇게 생각하면, 모든 생명체는 전부 지구상의 형제와 같다. 더욱 구체적으로 말하자면, 쥐 이상의 동물, 즉 진화 과정상 쥐보다도 더 고등한 동물은 모두 거의 똑같이 만들어져 있다. 예를 들면 기린도 두더지도 목뼈는 일곱 개다. 여러 동물들은 얼핏 보면 동떨어진 구성을 하고 있지만, 조금만 변형시키면 쥐도 되고 말도 된다. 기본적인 골격과 기본적인 신체 구성이 같기 때문이다.

그렇다면 인간만 특별하지는 않다는 것도 알게 될 것이다. 오히려 동물을 알면 알수록 '인간도 동물'이라는 사실을 알게 된다.

이런 공부를 하다 보면, 자신이 인간이라는 오만함이 실체가 점점 벗겨지는 것과 같은, 무언가 상쾌해지는 기분이 된다. 인간도 다른 많은 고등동물과 마찬가지로 먹이를 입으로 넣고 똥을 엉덩이로 내 보내고, 두

생명체에도
마음은
있을까

개의 안구로 입체 형태를 보고, 코로 공기를 빨아들이고 냄새를 맡는다. 밥을 먹을 때는 입술과 혀를 사용한다. 어머니에게서 태어나면 젖을 빤다. 교미하고, 자궁에서 아이를 키워 출산한다. 인간도 다른 동물과 그다지 다를 것이 없다.

이는 '인간과 동물'이라고 통상적으로 나누어 생각하는 상식이 잘못된 것이고, 의미가 없다는 말이다. 인간도 동물에 포함되어 있는 것이다.

생명을 지니고 있다는 공통항목이 있고, 몸의 분자 구조-질소형 생물이라는 원자 구조학적인 특징을 지니고 있고, 더욱이 설계상 기본 골격이나 내장의 구조 등이 거의 같다는 것을 생각하면, 인간만이 특별하지는 않다는 결론이 된다.

그렇다면 자연스럽게 '우리들 인간에게는 마음이 있다.'고 스스로 느껴서 알 수 있다면, 동물에게도 마음이 있다는 것을 알게 된다.

마음이 없으면
살아갈 수 없다

다른 관점에서 생각해 보자. 살아 있는 이상, 생명체는 자신의 몸을 지켜야 한다. 성장도 해야 한다. 교미를 해서 DNA를 미래에 존속시켜야 한다. 이러한 생명체로서의 대의명분이 있는 이상, 마음이 없으면 감당해낼 수 없다.

  동물종이 계속 성립하려면 동족간의 간섭이 필수적이다. 집단생활을 하는 동물이 있는가 하면, 단독생활을 하는 동물도 있다. 단독생활을 하는 동물도 일생 내내 단독인가 하면 그렇지는 않다. 동족의 암수, 또는 늙은 것과 젊은 것, 또는 새끼 등의 관여가 있는 것이다.

특히 번식기나 새끼를 키우는 시기에는 다른 개체와의 관여가 어떻게 해서든 중요해진다. 마음이 없으면 동족 내의 타자와의 관여, 즉 복잡한 의사소통은 못하는 것이다.

무섭다든지, 기쁘다든지, 맛있다든지, 슬프다든지, 화가 난다든지, 여러 가지 감정이 있기 때문에 생명체는 그 생명을 유지해 갈 수 있는 것이다. 생명이 있다는 것은 곧 마음도 있다는 것이다.

차원이 다를 뿐, 세균에게도 혹시 마음이 있을지도 모르겠다. 잘은 모르겠지만……. 하지만 다음과 같은 실험이 있다. 단세포 생물이며 원생동물인 짚신벌레는 누구나 다 알 것이다. 큰 세균 같은 놈이다. 이놈에게, 빛이 닿는 곳으로 헤엄쳐 갈 때 전기충격을 가하면, 나중에는 빛이 있는 방향으로 가지 않게 된다.

이렇게 미세한 생명체도 따끔한 맛을 보고 싶지 않은 것이다. 짚신벌레는 광학현미경으로 쉽게 보이는 정도의 크기지만, 단세포의 원생동물이므로 신분적으로는 세균과 거의 같다. 하지만 괴로움에

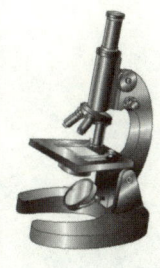

● **광학현미경** 빛의 굴절을 이용하여 생물의 조직이나 미세한 세균 따위를 확대하여 관찰하는 장치. 유리로 만든 대물렌즈와 접안렌즈를 쓴다.

대해 분명히 싫어하는 반응을 하는 것이다.

즉 이것도 마음이지 않은가? '괴롭고 아픈 것은 싫다.'고 생각하므로, 학습 효과에 따라 그쪽으로 가지 않게 되니까. 그러므로 고등동물뿐만이 아니라 차원의 차이는 있을지언정, 세균이나 바이러스와 같은 것에도 마음이 없다고 단언할 수는 없지 않을까?

생명체가 살아가기 위해서는 복잡한 반응이 필요하다. 마음이라는 것은 결국, 반사·반응의 연속이다. 반사·반응의 연속이 훨씬 더 복잡하게 되어 마음이 된다.

살아가기 위한 반사나 반응이, 어떤 일정한 복잡함을 갖추게 되면 비로소 인간은 그것을 마음이라고 인정한다. 하지만 인간이 마음이라고 인정하지 않는 덜 발달한 마음도, 진정 마음으로 인정해야 하는 것이 아닐까.

생명체에도
마음은
있을까

수컷 사슴벌레의 위험한 도전

장수풍뎅이나 사슴벌레를 키워본 사람은 알겠지만, 아마도 한두 번 정도는 뿔에 찔리거나, 큰 턱에 물리거나 하는 일이 있었을 것이다. 왜 그런 일이 일어났는가 하면 그들이 화가 났기 때문이다.

실제로 평사슴벌레나 다른 무언가를 사 보자. 양식기술이 발달해서 값도 아주 싸다. 7cm 정도 되는 평사슴벌레를 사 와서, 그것을 쪼아 보면 좋겠다. 어느 정도 강하게 화가 났는가는 사슴벌레가 무는 힘과 비례한다.

벌레가 상처를 입지 않을 정도로 흥분시켜, 그것들이 어떤 기분인지를 자신의 손가락이 느끼는 아픔으로 실감해 보는 것도 좋을 것이라 생각한다. 또는 벌집을 걸어차서, 반격하는 벌에 쏘여본다든지(체질이나 컨디션에 따라서는 쇼크로 사망할 수도 있으므로 주의하시오.) 한다면 '이렇게 아플 정도로 이 녀석들 필사적이네.'라고 알게 될 것이다. 인간도 화가 나면 '혼내 줘야지.'라고 생각하고 딱딱 때리므로, 곤충들도 화가 나면 마찬가지로 '이 자식이!' 하고 흥분한다.

화를 낸다는 것은 어쨌거나 웃는 것과는 다르다. 물론 사슴벌레가 웃더라도, 녀석들은 생태적으로 표정을 지을 필요가 없기 때문에, 겉으로는 알 수가 없다. 하지만 '아, 살아 있어서 좋다.'라든가, 여러 가지를 생각하는 것이 아닐까.

사슴벌레의 기분이 되어 상상해 보자. 예를 들면 밤에 상수리나무 숲으로 수액을 빨러 갔다고 하자. 거기에 풍뎅이가 있었다. 풍뎅이 따위는 쉽게 물리친다. 이번에는 큰 나방이 왔다. 이 녀석은 의외로 집요하고 두려운 상대지만, 어쨌든 물리쳤다. 그러나 장수풍뎅이가 오면 이건 강적이다. 사슴벌레에게 장수풍뎅이의 들어 던지기는 가장 위협적인 공격이다.

생명체에도
마음은
있을까

하지만 강적이라도 이길 수 있는 경우도 있다. 먼저 상대를 집어서 던지면 된다. 이 전법으로 이겼다고 하자. 그 순간만은 아무리 벌레지만 기쁘지 않을까?

질지도 모르는 상대와 위험을 무릅쓰고 싸워 이겨서 수액을 빨 수 있게 된 것이다. 수액을 빨 수 있는 장소에는 당연히 암컷도 찾아오므로, 교미도 할 수 있을지 모른다. '싸우고, 먹이를 얻고, 암컷을 획득하다.' 이것은 수컷으로 태어난 행복이 과분할 지경이다.

아무리 그렇다 해도, 해보고 성공해서 기쁘지도 않은 것을 목숨을 걸고 할 리가 없다. 이는 성공했을 때의 기쁨도 분명히 있다는 것을 보여준다. 기쁨을 추구하기 때문에, 고난의 길도 기어코 나아가는 것이다.

그것을 단순한 본능이라고 할지도 모르겠지만, 그 본능을 많이 가지고 있는 것이, 지금 인간의 감정이 아닌가? 요컨대 신경이 한 줄인가, 여러 줄기가 묶여져 있는가, 그 정도의 차이므로, 근본은 그다지 다르지 않을 것이다.

어쩌면 마음껏 껄껄 웃고 있을 지도 모르겠다. 사슴벌레가 벌레이기 때문에 표정이 보이지 않을 뿐. 이

사슴벌레가 자신보다
강한 장수풍뎅이와
위험을 무릅쓰고
싸움에 임하고 있다.

**사슴벌레와
장수풍뎅이**

미 하하하 웃고 있을 가능성도 있다고 생각한다.

적어도 '앗싸!', '해냈다!' 정도의 감정은 있을 것이다. 바퀴벌레조차도 '앗, 위험하다.'고 생각하니까 도망가는 것이다. 감정이 있으므로 위험하다고 느낀다. 미미하게 보이는 벌레에게도 '위험하다,' '무섭다,' '화난다,' '기쁘다' 등 여러 가지 감정이 있다.

화분은 왠지
버리기가
힘들어

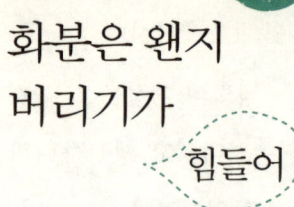

'심적인 것'은 분명히 있을 것이다. 나는 식물 마니아인데, 역시 식물은 너무나도 반응이 없기 때문에 때때로 돌봐주는 것이 싫증날 때가 있다. 그러면 이상하게도 꽃이 피지 않았다.

손질은 언제나처럼 하고 있다. 화분을 산 사람의 의무니까. 그러나 그 식물에 대해 흥미가 없어진 시점에서, 늘 하던 것처럼 돌봐주는데도 시들거나 꽃이 피지 않는 등, 상태가 나빠져 있었다.

식물의 의지로는, 역시 동물과 사이좋게 지내고 싶은 걸까?

생명체에도
마음은
있을까

애초에 식물이 있었기 때문에 동물이 발생했다. 식물이 광합성을 하여 대기 중에 산소가 늘어난 덕택에 동물이 진화를 할 수 있었고, 그러한 의미에서 식물은 동물의 어머니이다. 동물은 식물로부터 꿀이나 과실 등의 영양을 얻는데, 매우 느린 동작으로만 움직일 수 있는 식물 대신에 바지런히 움직여 식물에게 도움을 줌으로써 은혜를 갚는다. 여러 생명체가 서로 도와가면서 성립된 것이 바로 지구의 시스템이다.

식물도 생명체이므로 살아있는 이상은 다음 세대인 씨앗을 날려보내야 한다. 그 종 자체가 다른 종과 경쟁하면서도 존속해야 한다. 그렇다면 '열심히 해야지.' 하는 마음이 있지 않을까?

이것은 상상이지만 혹시나 식물의 마음은 개체에는 없고, 식물 '종 전체의 마음' 같은 것으로 존재할지도 모르겠다.

왜냐하면 동물과 식물은 살아가는 방식이 너무나 다르기 때문에, 우리들 동물적인 생명체의 관점에서 본다면 전혀 상상조차 되지 않는 차원의 가능성도 있다. 여하튼 나는 생명체인 이상 반드시 심적인 것은 있다고 믿는다.

    우리들의 기분 중에도 그러한 생각이 있으므로, 화분을 젖은 쓰레기로 버린다든지 하면 마음이 아프지 않은가? 예를 들면, 선물로 받은 난 화분에 더 이상 꽃이 피지 않는다면, 꽃이 지고 나면 그저 잎뿐이고 예쁘지도 않다. 게다가 키우기에도 손이 많이 간다. 하지만 어쩐지 버릴 수 없다. 그렇게 생각하는 것은 '혹시 이 녀석 슬퍼하는 건 아닐까?'라고 우리들이 막연하게 느끼고 있다는 증거가 아닐까?

    나도 불가사의하다고 생각하는데, 동물과 식물 사이에 이루어진 무언가의 약속, 그것을 분명히 알 수는 없다. '동물'로 태어난 이상, 식물들의 마음을 아는 데는 한계가 있기 마련이니까.

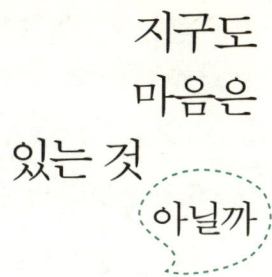

지구도
마음은
있는 것 아닐까

또 하나 더 크게 보자면, 모든 생명체에 대하여 관리하는 마음과 같은 것이 있을지 모른다는 생각을 하게 된다. 그것은 아마도 '지구의 마음'일 것이다. 과도하게 증가해버린 동물의 숫자가 자연히 줄어드는 경우가 있다. 인간의 세계도 기근이나 대지진, 쓰나미 등의 습격을 받는 경우가 있다. 또는 자연재해뿐 아니라, 인간끼리 전쟁을 하기도 한다. 이것은 혹시 그 어떤 존재의 의지에 따라 인간이 도태되는 것이 아닌가 하는 의구심도 든다.

　　화단에 제비꽃을 심어 예쁜 꽃밭으로 만들고자 생

.033

각했는데, 냉이가 잔뜩 자라났다고 하자. 당연히 냉이를 뽑아낼 것이다. 즉 관리하는 마음에서 볼 때, 조화를 어지럽히는 것은 솎아내 버리는 것이다.

이와 같이 생명체는 때때로, 자신보다 차원이 높은, 보이지 않는 존재에 의해 조정당하고 있지는 않은가 하는 생각도 든다. 그러므로 인간이라는 생명체가 지구라는 화단 안에서 냉이가 되지 않도록 조심해야 하지 않을까?

캄브리아기에, 마치 생물 대폭발처럼, 기묘하고 예술적이며, 시행착오적인 동물들이 잔뜩 생겨났다. 그것은 화단의 주인이 '가정낙원으로 만들어 오이나 가지를 심을까? 아니야, 먹지는 못해도 편지가 좋지 않을까, 어머니도 좋아하시는데……, 하지만 아들은 나팔꽃이라도 심어 여름방학 관찰일기를 쓰고 싶어할 텐데……, 그래도 나는 역시 감자를 심어서 먹고 싶네…….' 라는 식으로 망설인 결과이지 않을까 하는 생각이 든다. 그 때 영문을 알 수 없는, 그것이야말로 데생이 일그러진 것과 같은 생명체가

캄브리아기 고생대의 첫 시대. 선캄브리아 시대와 오르도비스기의 사이로, 약 5억 7000만 년 전부터 5억 1000만 년 전까지의 시기이다. 껍질을 가지는 무척추동물이 많이 나타났다.

어수선하게 발생하였다. 그리고 단숨에 '이건 안되겠다, 관둬야지.'가 되어, 알 수 없는 힘이 대량으로 멸종시켜버린 것이다.

그 와중에 민달팽이처럼 왕이 되어버린 생명체가 척추동물의 원형으로 살아남았다.

즉 등뼈를 가지고, 그것을 중심으로 한 좌우대칭의 몸을 지닌 생명체가 발달할 수 있었던 것이다. 즉 눈이 두 개, 손과 발이 두 개씩, 콧구멍이 두 개, 등뼈 하나, 꼬리 하나, 머리 한 개, 입 하나. 그렇게 생각하면, 진화상으로 보면, 기본적으로 물고기 이후는 모두 동일한 것이다.

세균에게도, 짚신벌레에게도 곤충에게도 마음이 있다. 어류에도, 양서류에도, 파충류에도, 조류에도, 포유류에도 마음이 있다. 모든 것에 마음이 있음이 틀림없다. 그러나 각각의 동물이 '자신보다 하등한 동물에는 마음이 없다'고 생각하면서 살아가는 것 같다.

그렇기 때문에 우리들 인류는 '지구'라는 최상위 관리자가 화를 내지 않도록, 자연계의 조화를 흐트러뜨리지 말고, 조심해서 살아가야 할 것이다.

02

개와 고양이는 어느 정도 다른 동물일까

- 개와 고양이는 얼마나 다른 동물일까
- 바다로 간 개와 고양이의 친척들
- 개와 고양이가 헤어진 이유, 조금씩 천천히 변해갔다
- 일격필살의 고양이, 집단전법의 개
- 육식동물로서는 완벽한 스펙 vs 어딜가도 괜찮은 신체구조
- 호랑이 같은 개과 동물이 없는 이유
- 필요하기 때문에 여러 종류가 있다

여태까지 지구상의 모든 동물은 기본적인 구성이 동일하고,

서로가 관여하고 있으며, 모두가 필요하기 때문에 존재한다고 주장하였다.

여기서는 좀 더 구체적으로 지금 살고 있는 생명체들이

어떤 식으로 진화하여 지금에 이르렀는지에 대해 이야기하고자 한다.

그렇다고 모든 생명체를 다루자면 끝이 없으므로,

우리와 비교적 가까운 개와 고양이를 예로 들겠다.

이 둘 간의 관계를 아는 것만으로도

지구상의 생명체가 전체적으로 어떻게 연결되어 있는지에 대해

큰 부분을 파악할 수 있으리라 생각한다.

처음에는 조금 어려운 용어도 나오지만, 잘 따라와 주기 바란다.

개와 고양이는 얼마나 다른 동물일까

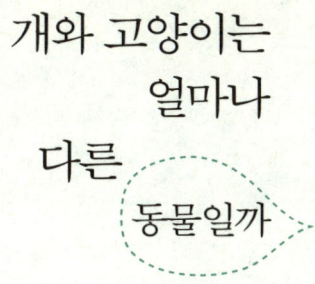

생명체에는 분류 단위가 있다. 큰 줄기에서 큰 가지, 중간 가지, 작은 가지, 그리고 가지의 근원에서 가지의 끝에 이르기까지의 잎, 이처럼 큰 흐름에서 작은 흐름으로 갈라지는 이치를 비슷한 순서로 분류하는 것이다.

학술적인 분류에서는, 개과의 동물도 고양이과의 동물도, 포유류의 식육목에 속해 있다. 예를 들면, 개의 경우 분류 단위는 우선 동물계(반대는 식물계)의 척추동물문(반대는 무척추동물, 즉 달팽이, 새우, 게 등)의 포유강, 식육목, 개과, 개속, 개종, 이런 순서로 나눈다.

고양이의 경우에는, 앞부분은 동일하게 동물계, 척

미아키스 Miacis(위)
5천만~4천만 년 전
개와 고양이의 공통조상이라고 한다.

키노데스무스 Cynodesmus(아래 오른쪽)
2천 4백만~2천만 년 전
늑대 등 개의 조상

호플로포네우스 Hoplophoneus(아래 왼쪽)
3천 8백만~2천 4백만 년 전
칼날 이빨을 가진 원시적인 고양이

개와 고양이의 조상

추동물문, 포유강, 식육목, 고양이과, 고양이속, 고양이종이 된다. 그러니까 개와 고양이는 중간 단계까지는 꽤 가까운 곳에 있다.

식육목은 중생대―즉 9천만 년 전에, 지금은 멸종되어 버린 열치목, 유치목, 범치목 등의 계열로부터 갈라져 나온 육식동물의 일종이다.

식육목에는 무엇이 있는고 하니, 개, 고양이, 곰, 너구리, 족제비, 사향고양이 등의 무리가 있고, 사향고양이에 가까운 하이에나가 있다. 이것들은 모두 분류상의 명칭이 '개 아목' 또는 열각류라고도 한다.

개와 고양이는 그러한 이유에서 고기를 먹는 이 계통의 동물 중에서 비교적 가까운 근연종이다.

바다로 간 개와
고양이의
친척들

그리고 이 열각류가 갈라지기 직전에, 바다표범과 강치 등의 무리가 갈라진다. 이것들은 기각류(鰭脚類)라 부른다. 기(鰭)는 지느러미라는 말이다.

강치를 보고 '개하고 닮았네!'라고 느끼는 사람도 있을 터인데, 같은 조상에서 비교적 가까운 곳에서 가지가 갈라졌기 때문에 그렇다. 그 중에서도 강치는 육지에 서식하는 경향이 강하기 때문에 보다 개와 가깝다는 느낌이 든다. 입을 벌리면 개의 이빨도 있고, 치열이 개와 아주 닮았다.

같은 바다의 포유류라도, 듀공이나 마

**포유류
바다소목
듀공**

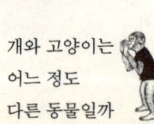

개와 고양이는
어느 정도
다른 동물일까

나티는 초식의 '바다소[海牛]목'으로서, 어느 쪽인가 하면 코끼리에 가까운 무리이다. '식육목'은 고기를 먹는 무리들이므로, 이 점에서 다르다. 그리고 돌고래나 고래는 '고래목'으로, 또 다른 무리이다. 만약을 위해 말해 두는데, 펭귄은 새이다. 이 부분을 혼동하여 모두가 같은 무리라고 생각하는 사람이 많은 것 같다.

조류 펭귄목 펭귄

개와 고양이가
헤어진 이유,
조금씩 천천히
변해갔다

고양이와 개가 그렇게 가깝다면 갈라지지 말고 처음부터 같이였으면 좋지 않았을까 하고 생각할지도 모르겠지만, 그럴 수는 없다. 동물은 살아가는 환경에 유리하게, 습성이나 모습을 변화시켜야 한다. 이것을 환경적응이라고 하는데, 그러는 동안에 동일한 종류라도 조금씩 변화한 '아종'이라는 형태가 나타난다. 예를 들면, 벵골 살쾡이와 쓰시마 살쾡이, 정글리언 햄스터와 캠벨 햄스터는 아종 관계이다. 넓은 지역에 사는 동물들은 아종이 수십 종류가 되는 경우도 있다. 인간의 경우에도, 일본인과 미국인, 러시아인, 케냐인 등은 일종의 아종 관계이다. 아종으로 갈라지더라도 학명은 동일한 하나의 동물종이므로, 서로 교배할 수 있고, 새끼도 생기는 법이다.

  개와 고양이도 같은 조상을 가졌으면서도, 살아 온 환경에 맞추어, 각각 그 환경에 유리하도록 습성이나 형태를 변화시켜 왔다. 다만 이것들은 아종의 수준이 아니라 '종'마저도 달라졌다. 근연이라 하더라도 서로 정반대의 성질을 지니고 있다.

> 혼자 놀면 재미있냐?
> 같이 놀아야지.

> 혼자서는 아무것도 못하는 녀석.
> 난 혼자서도 잘 놀아!

일격필살의
고양이,
집단전법의

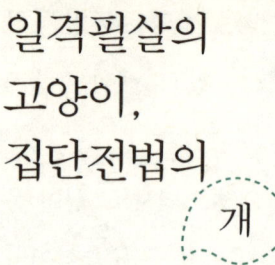

어떤 점이 정반대인가 하면, 우선 사냥방법.

고양이과는 기본적으로 단독 사냥을 한다. 살금살금 다가가서, 일격에 상대를 제압해야 한다. 그래서 소리를 내지 않고, 살금살금 하는 생태를 지니고 있다.

개과의 경우에는 집단생활을 하면서 서로 돕기 때문에, 그처럼 닌자 같은 전법을 취할 필요가 없다. 즉 개과는 눈에 띄어도 상관없는 것이다. 무리를 지어 습격하고, 사냥물이 도망치는 방향으로 제2의 무리가 기다리고 있든가 하는 팀플레이를 할 수 있는 방향으로 진화한 것이다. 혹시 놓쳤다 하더라도 타고난 스태미나로 상대가 쓰러질 때까지 집요하게 쫓아간다.

다만 고양이과 중에서도 사자는 다르다. 평원에 살고 있는 고양이과의 동물은 개처럼 무리를 짓는다. 왜냐하면 평원에서는 먹이를 잡을 때 혼자로는 아무 것도 할 수 없기 때문이다. 숨을 수 있는 장소가 없어서 모두가 힘을 합쳐야만 한다. 본래는 단독으로 사냥을 하는 고양이과라도, 평원에 살고 있는 부류들은 개과와 취지는 조금 다르지만, 집단으로 사냥을 하는 습성을 익혔던 것이다.

포식 형태가 다른 이상, 몸의 구조도 당연히 달라진다. 개는 주로 지구력, 고양이는 순발력을 중시하는 사냥을 한다. 그래서 개보다도 고양이가 더 약삭빠르고, 식육목으로서의 특징이 더욱 우수하다.

구체적으로 이야기하면, 사냥에 최적화된 송곳니를 가지고 있다. 자신이 포식하는 동물의 척추 사이에 파고들어 척추를 절단하는 데 적절한 송곳니의 형태와 간격을 가지고 있다. 즉 고양이(집고양이)는 쥐의 척추를 부러뜨리는데 적절한 이빨의 형태, 길이, 간격을 지니고 있고, 사자는 얼룩말이나 누의 등뼈 사이에 달려

**집단으로 사냥하는
대표적인
개과 동물 리카온.**
협동력과 지구력이 뛰어난
개과.

**혼자 사냥하는
대표적인
고양이과 동물 치타.**
순발력과 일격필살을 자랑하는
고양이과.

〔 무리지어 사냥하는 리카온 〕

〔 혼자 사냥하는 치타 〕

들어 물기에 적당한 송곳니의 폭, 길이, 간격을 갖추고 있다.

또한 고양이과의 동물들은 사냥물이 도망가지 않도록 누르기 위한 날카로운 갈고리발톱을 가지고 있다. 게다가 그 발톱을 감추기 위한 두껍과 같은 구조를 가지고 있다. 발톱을 항상 드러내 놓으면 불편하기도 하고, 정작 써야 할 시기에 너덜거리게 되면 곤란하기 때문이다. 참 잘 만들어져 있다.

육식동물로서는
완벽한 스펙 vs
어딜 가도 괜찮은
신체구조

포식형태에 따라 몸의 구조도 당연히 달라진다. 개는 지구력, 고양이는 순발력을 중시하는 사냥을 한다. 그래서 개보다 고양이가 더 약삭빠르고, 육식동물로서의 특징이 더 우수하다.

    구체적으로 이야기하면, 고양이는 사냥에 최적화된 송곳니를 가지고 있다. 자신이 포식하는 동물의 척추 사이에 파고들어 척추를 절단하는 데 적절한 송곳니의 형태와 간격을 가지고 있는 셈이다. 즉 고양이(집고양이)는 쥐의 척추를 절단하는 데 적절한 이빨의 형태, 길이, 간격을 지니고 있고, 사자는 얼룩말이나 누의 등뼈 사이에 달려들어 물기에 적당한 송곳니의 폭, 길이, 간격을 갖추었다. 그리고 사냥물이 도망가지 않도록 누르기 위한 날카로운 갈고리발톱과 발톱을 보호하기 위한 두겁과 같은 구조를 하고 있다. 육식동물로서 완벽한 신체구조를 가진 셈이다.

그에 비해 개과의 동물은 상대를 그다지 특정하지 않은 육식동물이기 때문에, '어느 동물에 적합한 치열'이라는 것은 없다. 그러므로 사냥 능력도 한 단계 떨어져, 일격필살을 노릴 수 없다. 발도 장거리를 천천히 달리기에 적합하다. 고양이처럼 갈고리발톱도 없고, 두겁도 없어, 발톱은 항상 밖으로 나와 있다. 개의 발톱을 돌아다니는 동안에 적당하게 닳는데, 이것은 사냥물을 눌러 제압하기 위한 발톱이 아니라, 지면을 박차기 위한 발톱이다. 스파이크와 같은 역할을 하는 것이다. 요컨대 마라톤 선수와 같은 특징을 지니고 있는 것으로서, 같은 크기라면 고양이과의 발톱이 훨씬 더 힘이 강하다. 거꾸로 이야기하면, 단독으로 일격필살할 필요가 없으므로, 개과는 단순한 기제로도 충분하다.

또 하나. 고양이과의 동물은 시각에 상당히 의존하

는 사냥을 하는데, 개과의 동물은 눈이 별로 좋지 않아서 냄새에 의존한다.

고양이와 개는 이와 같이, 포유류의 역사에서 보면 매우 가깝고, 얼마 전에 가지가 갈라진 것인데, 현대 동물들의 생태학적인 견지에서 보면, 정반대의 방향을 가는 육식동물이라는 것을 알게 될 것이다.

이 차이를 자동차에 비유하면, 경주용 자동차와 승용차의 차이와 같다. 고양이는 목적에 대해 최고의 육체구조를 가진 경주용 자동차이다. 개의 경우는 승용차. 짐도 옮길 수 있고, 사람도 옮길 수 있으며, 여행도 가능하고, 경우에 따라서는, 결국에는 지겠지만 경주마저도 할 수 있다. 요컨대 범용성이 높다. 고양이가 더 극점에 달해 있다.

어느 쪽이 좋을까? 그것은 앞으로의 지구환경이 어떻게 될지 모르기 때문에 어느 쪽이 더 좋다고 할 수는 없다. 하지만 개과와 고양이과가 같은 크기의 개체로 싸운다면, 고양이과가 압승이다. 다만 개과가 특기인 집단작전을 짜서 사자 대 개 100마리라면, 개가 반드시 이긴다. 식육목으로서의 구조나 형태 등을 놓고 볼

개와 고양이는
어느 정도
다른 동물일까

때, 고양이가 슈퍼디럭스의 사양으로 만들어져 있다면, 스펙이 떨어지는 만큼 개는 무리를 지어 그것을 보충하고 있는 셈이다.

호랑이 같은
개과 동물이
없는
이유

고양이과에는 사자나 호랑이 등의 대형 동물이 있는데, 개과에는 없다.

여기까지 읽은 독자들은 그 이유를 이미 짐작할 것이다. 그렇다. 개과의 동물은 대형이 될 필요가 없기 때문이다.

집단으로 사냥하는 개과의 동물은 자신들의 수십 배나 되는 체적을 지닌 동물이라도 집단으로 덤벼들면 쓰러뜨릴 수 있기 때문에, 한 마리 한 마리는 작아도 상관없다. 이에 비해 기본적으로 단독 사냥을 하는 고양이과의 동물은, 예를 들어 사슴을 잡겠다고 생각하면 어느 정도의 체격이 없으면 쓰러뜨릴 수가 없다.

사마귀와 개미를 보더라도 잘 알 수가 있다. 사마귀는 혼자서 메뚜기를 잡아야 하기 때문에 어느 정도 크기가 필요하다. 개미는 작아도 다 함께 모여들어 물고 늘어져 큰 사냥물을 차지해 버린다. 쇠약해진 나방의 유충이나 지면에 떨어진 매미가 있으면, 개미들이 빽빽이 들러붙어 해체나 운반하는 것을 본 적이 있을 것이다.

집단으로 상대를 제압하려고 생각하면, 크기는 그다지 관계가 없다. 그러므로 개는 어느 정도 이상으로 커질 필요가 없는 것이다.

이와 관련하여 팀워크가 장점인 개과의 동물은, 어느 한 부분이 매우 발달해 있다. 그것이 무엇인고 하니 뇌이다.

어느 부분이 발달했느냐 하면, 전체를 통째로 보는 능력이다. 그리고 배려심. 이 두 가지가 없으면, 집단은 이루어질 수 없다. 그에 비해 고양이과의 동물은 혼자서 뭐든 할 수 있으므로, 사회성 따위는 중요하지 않다.

그러니까 취향의 문제는 별도로 하고, 키우기 쉬운 쪽은 개과의 동물이다. 인류의 벗은 고양이보다 개다.

집에 강도가 들어와 주인이 눈앞에서 습격당하더라도, 고양이는 도와주지 않는다. 개는 가장 작은 치와와라도 주인을 지키기 위해 대항한다.

즉 개는 '사회적인 뇌'를 가지고 있다. 요컨대 머리가 아주 좋다. 상대방의 기분을 배려하는 마음도 발달하였다. 거꾸로 이야기하면 고양이는 자기 중심적이더라도 괜찮다. 고양이과는 사냥 대상이 정해져 있다. 재규어는 사슴이나 멧돼지, 사자는 누 등의 큰 부류들이다. 살쾡이는 쥐 등이다. 그러므로 신으로부터 받은 포식의 도구만 사용하면 동료의식 등은 관계없는 것이다.

그렇다고 해서 고양이가 무익한가 하면 그렇지는 않다. 고양이에게 고양이 이상의 것을 요구하지 않으면 된다. 고양이에게 개를 원하는 것은 염소를 부인으로 삼는 것만큼이나 잘못된 일이라고 하면 알기 쉬울 것이다.

필요하기
때문에
여러 종류가
있다

 같은 육식동물인데도 왜 두 갈래로 나뉘어졌을까? 역시 본인들에게나 주위에나 모두 필요하기 때문이다.
 가령 '식육목의 동물 따위, 그렇게 많이는 필요 없으니까, 자, 개는 폐지하기로 한다.' 그러면 고양이는 개가 해야 할 일도 해야 한다. 그러기 위해서는 몸의 구조도 바꾸어야 한다. 조금 귀찮은 일이다. 역시 개의 일은 개가 적임인 것이다.
 여러 가지 전문직을 동물들이 분담하고 있다. 먹이사슬의 정점에 있는 동물이, 주위의 초식동물을 적확하게 솎아낸다는 필요성에서도 역시 여러 유형이 필요하다.

　사자도 고양이도 개과의 동물도, 주위의 평화를 어지럽히는 성가신 존재인가 하면 그렇지 않다. 고기를 먹는 동물이 없으면, 잎을 먹는 동물이 너무 많이 늘어나 균형이 깨져 버린다. 식물도 멸종하게 되고, 먹이인 식물이 없어지면, 초식동물도 멸종한다. 그러므로 사자는 자신들이 살아가기 위해 얼룩말이나 누나 영양 등을 공격하는데, 그것은 동시에 얼룩말이나 누나 영양들을 위한 일이기도 하다.

　어떤가? 지금까지 각자 뿔뿔이 존재한다고 생각했던 동물들의 관계를 이렇게 연결시켜 보면 재미있을 것이다. '개와 강치가 비교적 가까운 부류구나!'라든가, '개와 고양이, 이렇게도 다른 습성을 가지고 있었네!' 등등을 생각하면서 동물을 보면, 지금까지 보지 못하고 지나쳤던 세계가 더 많이 보이게 될 것이 분명하다.

03

진화와 생명의 불가사의

- 리치(Riche)하면 니치(Niche)가 없다.
- 젖을 먹이는 파충류도 있었다.
- 바다의 포유류는 다시 아가미 호흡으로 돌아갈 것인가
- 살아 있는 화석이라 불리는 생명체는 왜 진화가 멈춘 것일까.
- 새끼를 낳는 동물이 알을 낳는 동물보다 고등한 것일까
- 유대류(有袋類):주머니늑대는 주머니개가 되지 않는다
- 1대 잡종:별종끼리라도 새끼를 만들 수 있다
- 인간과 잡종이 될 수 있는 동물이 있을까
- 개와 고양이의 잡종은 가능할까
- 세인트버나드와 치와와의 잡종은 가능할까
- 뿔이 달린 호랑이를 살린다

개와 고양이로 범위를 좁힌 사례 연구를 끝내고,
이 장에서는 진화와 생명에 대하여 더 다양한 각도에서 이야기하겠다.

리치(Riche)하면 니치(Niche)가 없다

원숭이 산의 원숭이는 인간이 살아 있는 한 백만 년이 지나가도 원숭이 그대로이다.

진화라는 것은, 서서히 일어나는 것이 아니라, 니치(Niche)의 공백이 생겼을 때 급속도록 일어난다는 것이 지금의 학설이다. 그러므로 원숭이가 오래 존속하면 인간이 될까 하면 그렇게는 되지 않는다.

지금 양서류가 되려고 하는 어류가 있다. 짱뚱어라든가. 하지만 육상 생명체의 '자릿수'는 정해져 있다. 50석밖에 없는데 60명이 앉을 수는 없다. 어딘가 자리가 비지 않으면, 다음 생명체는 나타나지 않는다.

디아트리마 Diatryma
5천7백만~5천만년 전.
머리까지의 높이는
약 200cm.
시속 70km의
고속으로 달려
사냥물을
포획한다.

육식새
디아트리마

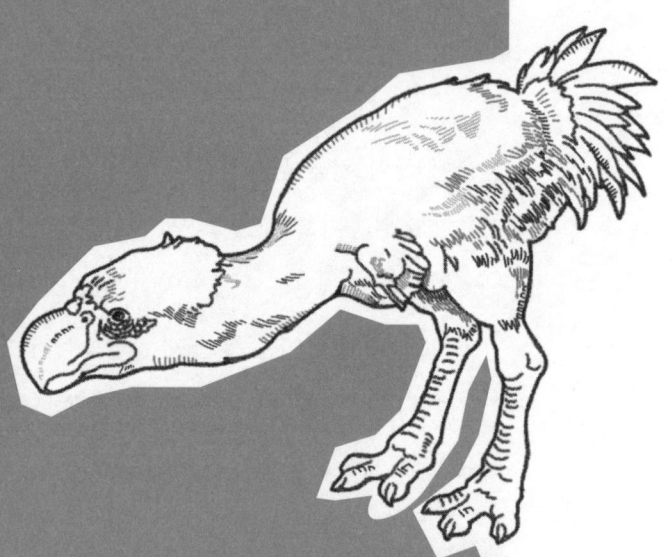

자리가 비는 방식에는 두 가지가 있다. '개체의 수명'이 있듯이, '종 자체의 수명'이 다하는 경우와, 변화한 환경에 적응할 수 없어서, 멸종하는 경우이다.

멸종한 종이 있던 곳이 좋은 장소였다면, 보다 열악한 환경에 있는 종은 보다 좋은 빈 자리를 차지하려고 의자 뺏기 게임을 하게 된다. 예를 들면 포유류가 어떤 원인 때문에 멸종하여 땅이 비었다고 하자. 그러면 조류가 기다렸다는 듯이 공중에서 내려와 지금까지의 포유류 대신 그 역할을 할 것이다. 그 예가 육식새 디아트리마이다. 티라노사우루스 · 렉스가 사라졌을 때, 공중을 버리고 몸집은 거대해져서 티라노사우루스를 쏙 빼닮은 거대한 육식새가 되었던 것이다. 디아트리마는 날지 못하는 새로, 오로지 땅위를 달리고 자신보다 작은 생명체를 잡아 먹었다.

공룡 다음으로 새들이 지상을 지배하려고 하였으나, 그 와중에 쥐와 같이 작은 포유류가 점점 그 세력을 회복했다. 역시 포유류가 유리하였을 것이다. 포유류가 지상을 지배하고, 새는 다시금 공중으로 쫓겨났다. 조류와 포유류 중 어느 편이 생존하기에 유리한가 하면,

그것은 후자이기 때문이다. 포유류가 없어지면, 파충류나 조류가 포유류형 파충류나 포유류형 조류가 될 가능성은 있다. 하지만 순서를 따라 생각해 보면, 참개구리가 십만 년 후에 포유류로 진화하지는 않을 것이다. 위가 막혀 있으니까.

짱뚱어는 양서류가 될 수 있을까?

젖을 먹이는 파충류도 있었다

포유류가 파충류에서 진화한 것은 여러분도 잘 알고 있으리라 생각한다. 그 과정을 조금 더 설명해 두겠다.

우선 파충류 중에서 온혈화(溫血化)를 지향한 무리가 나타났다. 에다포사우루스나 디메트로돈과 같은 일반적으로 '돛단용'이라고 불리는 공룡이다.

돛단용은, 등판에 돛이나 혹은 부채와 같은 것을 가지고 있었다. 그 안에는 혈관이 흐르고 있었다. 태양광선이 직각으로 닿게 되면, 혈액은 따뜻해진다. 그러므로 새벽에 다른 파충류들이 아직 움직이기 힘들 때 이 녀석들은 아침햇살을 받아 피를 데워서 한 발 앞서 활발

디메트로돈 Dimetrodon
2억 9천만년~2억 7천만년 전.
전체 길이는 약 300cm.
등판 위의 돛으로
체온을 조절하였다.

디메트로돈
Dimetrodon

하게 돌아다닐 수 있었다. 그리고 아직 추워서 움직일 수 없는 놈들을 잡아 먹었다. 더우면 더위 때문에, 보통은 다들 구멍을 파고 들어가 몸을 숨기는데, 이 녀석은 등판의 돛을 태양과 평행되게 세웠다. 그렇게 하면 태양열이 닿지 않고 바람이 와 닿기 때문에 식게 되는 것이다. 이 돛으로 인해 기온 의존성이 높은 다른 파충류들보다도 재빨리 유리하게 움직일 수 있었다. 체온 조절 능력을 갖춘 그들은 생존에 유리했다.

그런데 온혈화를 지향하는 돛단용을 거쳐, 이윽고 에스테메노스쿠스나 디키노돈트와 같은 포유류형 파충류가 등장한다. 이것이 공룡 중에서도 일찍부터 온혈화를 도입한 무리이다. 이것은 공룡의 디럭스 버전이 아니라, 공룡과는 별도로 포유류형 파충류라는 것이 진화한 것이다. 이 부류가 모든 포유류의 조상이라 여겨지고 있으나, 공룡시대에도 작은 쥐와 같은 생명체로서 가늘긴 하지만 포유류 계통은 지속되었다.

● **디키노돈트** 초식성인 디키노돈트류는 고생대 삼첩기 전기와 중기에 널리 분포한 동물로 짧은 목과 꼬리, 다리를 가지며 거북과 같은 주둥이에 두 개의 큰 송곳니가 있다. 이들은 주로 굴이나 물가에서 살았으며 질긴 식물도 잘 먹었다. 대표적인 디키노돈트는 남아프리카, 남극, 중국, 인도, 러시아 등에서 발견되는 리스트로사우루스(Lystrosaurus)이다.

그러므로 공룡이 갑자기 온혈화하여 포유류가 된 것이 아니다. 공룡이 되기 전에 포유류형 파충류라는 것이 등장하고, 그리고 공룡의 시대에는 이미 포유류가 되어 있었던 것이다. 그러나 당시의 지구는 공룡의 천하였으므로, 작은 몸으로 근근이 살아남아야 했다.

그러는 사이에 공룡이 멸종해버렸기 때문에, 새로운 포유류의 시대가 시작되었다. 중생대에도 포유류는 있었지만, 주로 공룡이 사라지고 난 신생대가 된 이후에, 지구상의 지배자로서의 분화가 이루어졌던 셈이다.

바다의 포유류는 다시 아가미 호흡으로 돌아갈 것인가

호흡 방법도 생명체의 진화를 생각할 때 재미있는 주제이다.

바다에서 육지로 생활의 터전을 옮긴 동물이 과거에 많이 있었지만, 가는 곳마다 같은 호흡 방법을 취한 동물은 별로 없다.

그 중에서 육지에서 바다로 되돌아 온 동물이 있다. 고래, 마나티, 돌고래, 바다표범이나 물개, 또는 해달이나 수달 등이 그것인데, 그들은 폐호흡을 한다. 수생동물로서는 그다지 유리하다고는 생각되지 않는 호흡법인데, 아마도 다음의 호흡 방법으로 옮겨 가는 과도기의 모습일지도 모르겠다.

바다의 생명체는 처음에는 해파리와 같은 개방 혈관계였으나, 그것으로는 바다의 환경에 과도하게 의존하기 때문에 조금은 난처할 수밖에 없었다. 그래서 폐쇄 혈관으로 진화했다. 즉 바닷물을 막으로 빨아들여, 그 바닷물을 재이용하는 방법이 되었다. 그것이 혈관의 원형이다.

그리하여 원시적인 혈관이 만들어지자, 그것만으로는 정화가 잘 되지 않아서, 신장이나 폐와 같이, 바닷물을 체내에서 정화시켜 재이용하는 기관이 발달하였다. 그리하여 비로소 바닷물은 혈액이 되었다.

이와 같은 이유로, 혈액과 바닷물의 조성은 매우 비슷하다. 그래서 동물을 수술하면, 정상적인 동물의 체내에는 무언가 그리운 냄새가 난다. 비릿하고 짠 냄새.

이것은 개도 고양이도 흰 담비도 그러한데, 인간도 분명히 그럴 것이라 생각한다. 배를 열면 내장의 냄새가 확 날 터인데, 바다 냄새와 고스란히 닮았다.

혈액과는 달리 산소를 보충하기 위하여, 물고기는 아가미를 변함없이 유지해 왔는데, 이번에는 그 아가미

진화와
생명의
불가사의

를 버리고 부레를 변화시켜, 폐로 만들었던 것이다. 그리하여 폐를 획득한 동물은 육지로 올라갔다.

　이 진화의 벡터라는 것은 일방향이다. 폐를 획득하여 육지로 올라갔지만, 다시 바다에서 생활의 터를 찾은 것이 지금의 바다동물들이다. 바다로 돌아 온 것까지는 좋았는데, 어중간하게 육지의 포유류와 같은 호흡방법을 취하고 있다.

　즉 지금 살고 있는 수중포유류의 호흡법은 아직 미완성이 아닐까 생각한다. 앞으로 아가미 호흡으로 되돌아가기보다는 새로운 시스템을 만들어 가지 않을까?

살아 있는
화석이라 불리는
생명체는
왜 진화가 멈춘
것일까

실러캔스나 앵무조개 등 지질시대부터 거의 형태가 변하지 않은 생명체를, '살아 있는 화석'이라고 부르기도 한다. 그들은 왜 진화가 멈춘 것일까?

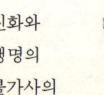
앵무조개

그것은 진화할 필요가 없기 때문이다.

지금의 환경에서 살아가는 데 지금 그대로의 몸으로도 별로 곤란하지 않고, 어떻게든 되기 때문에 그대로 있는 것뿐이라는 이야기다. 갈라파고스나 인도네시아의 깊은 바다에는 일정한 환경이 있기 때문에 거기에서 나오지 않으면 살아 있는 화석 같은 존재라고 하더라도 별로 불편한 것이 없다. 신천지를 찾아 진화한다는

살아 있는
화석이라 불리는
어류

실러캔스

것은, 멸종과 번영이라는 양날의 칼이기 때문에 굳이 모험할 필요도 없다.

어쩔 수 없는 이유가 없는 한, 그대로 좋은 것이다. 예를 들면, 해류가 변한다든가 해면 수위가 올라가서 갈라파고스 제도가 수몰한다든가 하는 것을 말한다.

육지가 수몰되어 먹이인 선인장이 없어지면, 육지 이구아나는 바다 이구아나와 같은 곳에서 살 길을 찾을 수밖에 없게 된다. 그렇게 되면 신 바다이구아나와 구 바다이구아나가 서로 버티고 싸우게 된다. 양자 간에 영역을 다투는 싸움이 생기고, 그 결과 어느 쪽인가가 멸종되거나 혹은 어느 한 쪽이 져서 조금 다른 별도의 구역에 분포하여 생존하는 수밖에 없다. 또는 근년에 육지 이구아나와 바다 이구아나의 교잡이 시작되었다고 들었는데, 육지 이구아나와 바다 이구아나의 영역이 점점 같아지고 있다는 것은 무언가 장래의 환경 변화를 예감하여 그것에 대비하고 있는 것인지도 모른다.

갈라파고스는 코끼리 거북이로 유명하다. 코끼리 거북이에게는 돔형의 등딱지와, 안장형의 등딱지를 가진 두 종류가 있다. 안장형의 등딱지를 지닌 녀석들은

높은 곳에 있는 나무를 먹는다. 돔형은 지면의 풀을 먹는다. 이것은 섬에 따라 식생이 다르기 때문이다. 그들도 환경이 바뀌어 종래의 생활을 할 수 없게 되면, 멸종하든지, 멸종이 싫으면 다른 방향으로 진화하는 수밖에 없다. 만일 섬이 점점 물에 잠겨서 육지 거북이가 살 수 없는 상황이 되면, 한 번 더 바다로 돌아갈지도 모른다. 그렇게 되면, 갈라파고스·코끼리 바다 거북이라는 것이 출현할지도 모른다.

갈라파고스 코끼리 거북이

지금의 연구에서 진화는 서서히 일어나는 것이 아니라 급속하게 일어난다고 여겨지고 있다. 그래서 환경이 변화하고 생존하기에 부적당하게 되어 버리거나, 경합하는 상대가 옮겨 오거나, 또는 보다 좋은 환경에 결원이 생기거나 하는 때에는, 자신들의 종족이 살아남기 위하여 선택 도태의 결과로서 다른 생명체가 되는 것이다.

새끼를 낳는 동물이
알을 낳는 동물보다
고등한
　　　것일까

　새끼로 낳는가 알로 낳는가는 단순히 생활 전략의 차이이다. 알을 낳는 쪽이 유리하다고 생각하는 동물은 알로 낳고, 새끼로 낳는 것이 유리한 환경에 있는 동물은 새끼를 낳는다.
　그 중간에 있는 동물도 있다.
　예를 들면 파충류는 대개 알을 낳는 동물이지만, 그 중에는 알을 뱃속에서 부화시켜 새끼로 낳아 버리는, 난태생이라는 형태를 취하는 파충류도 있다. 난태생 동물로는 어패류나 곤충도 있다.
　또는 새끼를 낳기는 하지만, 아주 미숙한 상태로

진화와
생명의
불가사의

태어나기 때문에, 주머니에 넣어 한 번 더 키워야 하는 동물도 있다. 캥거루 등의 유대류(有袋類)이다.

왜 이러한 변이들이 있는가 하면, 그 종류의 동물이 그 장소에서 살아가는 데 그 방법이 좋기 때문이다.

그러므로 새끼를 낳는 편이 고등하고, 알을 낳는 것은 열등하다고 할 수는 없다. 현재의 지구환경에서 우연히 새끼를 낳은 동물이 고등한 종류가 많을 뿐이다.

공룡의 대멸종이 없었다면, 공룡형 인류가 지구를 지배하고 있을 가능성도 있다. 이럴 경우, 지구를 지배하는 그들은 반드시 알을 낳았을 것이다.

앞으로 포유류 특유의 전염병이 퍼져서, 지구상의 모든 포유류가 죽어 없어지면, 아마 새가 지상에 내려올 것이다. 새가 파충류보다 훨씬 더 머리가 좋기 때문에 그럴 가능성이 있다. 새가 육지의 패자가 되는 경우, 알을 낳는 습성은 계속 남을 것이다. 조류형 인류와 같은 것이 등장하여, 그것을 돕는 조류형 개와 같은 동물이 등장하고, 그리고 조류형 인류가 타고 돌아다닐 조류형 말이 나타날 것이다. 어쩌면 근근이 살아남은 작은 포유류가 새 대신에 공중을 날아다녀야 할지도 모르겠다.

    그래서 지금은 우연히 우위에 서 있는 동물이 새끼를 낳는 것일 뿐으로, 앞으로 환경이나 지구의 생태계가 변화하는 경우, 혹시나 알을 낳은 동물이 가장 고등한 위치를 차지하는 시대가 올지도 모르겠다.

유대류(有袋類): 주머니늑대는 주머니개가 되지 않는다

갓난 새끼를 미숙한 상태로 낳아 주머니 안에서 다시 키우는 방법을 취한 유대류는, 종의 존속을 건 경쟁에서는 실은 불리한 동물이다. 4대륙에서는 주머니를 가지지 않은 진수류(眞獸類, 포유류 등의 동물)와 싸움에서 패해 거의 멸종해 버렸다.

오스트레일리아 대륙은 유대류가 진수류의 침략을 받기 전에 고립되어버렸기 때문에, 지금도 유대류 천하이다.

다른 대륙에서 진수류가 다양화되어 여러 가지 동물이 발생한 것처럼, 유대류도 여러 가지 동물들이 발생하였다.

고양이 대신에 주머니 고양이, 늑대 대신에 주머니 늑대, 돼지 대신에 웜뱃, 곰 대신에 (태즈메이니아산의) 주머니 곰, 소나 말 대신에 캥거루라는 형태로 생겨났다. 거칠게 정리하면, 모두 캥거루의 친척과 같다.

그러므로 주머니 늑대를 가축화하더라도 주머니 개는 되지 않는다.

동물은 인간에게 무언가의 이점이 없으면 가축이 될 수 없다. 일을 도와줄 수 있다든가, 고기가 맛있든가, 모피를 얻을 수 있든가 등등이다. 유대류는 고기도 모피도 모두 두드러지지 않고, 머리가 나빠서 인간에게 전혀 도움이 되지 않을 것이다.

주머니 늑대도 늑대의 모습을 한 캥거루의 친척이라고는 하지만, 가령 인공번식을 시켜 육종을 한다면, 치와와나 세인트버나드와 같은 형태의 변화는 일으키겠지만, 애당초 도움이 되는 가축은 되지 않으리라 생각된다.

진화와
생명의
불가사의

1대 잡종: 별종끼리라도 새끼를 만들 수 있다

통상적으로 자손을 남기기 위해서는 동종끼리 교미를 해야 한다. 그러나 별종끼리라도 계통이 지극히 가까운 사이라면 새끼를 만들 수 있는 사례가 있다.

예를 들면, 일본의 한신파크에서 태어난 레오폰(Leopon)이다. 표범(Leopard) 아버지와 사자 어머니 사이에서 태어났다. 표범과 사자는 물론 아종이 아니라 별종이다. '고양이과, 표범속, 표범'과 '고양이과, 표범속, 사자'로서 속까지는 동일하나 종이 다르다.

이처럼 별종끼리의 교잡으로 생겨난 새끼를 '1대 잡종'이라고 한다.

레오폰

라이거

1대 잡종의 최대 약점은 1대 잡종끼리는 새끼를 만들지 못한다는 것이다. 즉 번식 능력이 없다. 레오폰은 1대에 한정된 것으로, 레오폰으로서 자손을 남기는 것은 불가능하다.

또 하나, 1대 잡종에는 역시 유전적인 결함이 있어서, 레오폰의 경우에는 아무리 온갖 수단을 다 써서 관리해도, 북북 살이 찌는 체질이었다. 마지막에는 발이 다리 속으로 파고 들어가 마치 하마와 같은 몸이 되어버렸다. 내 병원에 찾아오는 환자의 집에서 태어난 꼬리 육지 거북이와 표범 무늬 육지 거북이의 1대 잡종도 유전적으로 요결석이 있었다. 어른이 되면 엉덩이 구멍에 돌이 막혀, 계속적으로 치료해줘야만 했다.

이것은 자연의 섭리를 거스른 생명으로, 무너진 유전자이므로, 어쩔 수 없는 일이었다.

아종끼리라면, 당연히 교배를 할 수 있다. 아종이라는 것은 환경의 차이에 의해 습성과 모습을 조금 바꾼 동일종이므로. 둘을 교배시켜 태어난 새끼에게도 당연히 번식 능력이 있다. 그러므로 하프(반쪽)끼리라도 새끼는 만들 수 있다.

얼룩말과 당나귀, 혹은 말을
교배시켜 낳은
제브로이드(zebroid).
잡종 1세대는
생식 능력이 없다.

제브로이드

예를 들면, 인도 사자와 아프리카 사자는 아종끼리이므로, 사자의 새끼를 낳는다. 이것은 인도인과 아프리카인의 혼혈 같은 느낌이다. 레오폰과 같은 종간 잡종이 되면, 인간과 침팬지의 잡종이라는 느낌에 가깝다.

종간 잡종으로는 그 외에 노새라는 동물이 있다. 아버지가 당나귀이고 어머니가 말이다.

이 녀석도 1대 잡종이므로 노새끼리는 새끼를 낳을 수 없다. 노새가 필요할 때에는 반드시 당나귀와 말을 교배시켜야 한다. 노새는 아버지 당나귀의 내구성과, 어머니 말의 큰 체격을 물려받아, 먹이가 시원찮아도 불평하지 않고 일을 하며, 당나귀보다도 몸집이 크기 때문에 쓸모가 있어서 귀하게 여겨졌다.

은여우와 북극여우를 교배시켜 좋은 모피를 얻었다는 기록도 있다. 이 두 종도 개와 늑대 정도의 차이가 있는 이종이기 때문에, 1대 잡종이다.

지금 문제가 되고 있는 것으로, 타이완 원숭이와 일본 원숭이가 교배하여 잡종이 생겨났다는 것이 있는데, 이것들은 아종 수준이기 때문에 번식 능력은 있을 것 같다.

레오폰에 다시 호랑이를 교배시켜보자는 계획도 있었다. 이것은 가능한 일이다. 레오폰끼리는 새끼를 만들지 못하지만, 레오폰과 호랑이라면 이론적으로는 새끼를 만들 수 있다. 하지만 실제로 성공하지는 못했다고 한다.

그 외에도 단봉낙타와 쌍봉낙타의 잡종, 말과 얼룩말의 잡종, 얼룩말과 당나귀의 잡종 등도 만든 사람이 있었다. 왜 이런 것들을 만들었을까? 선악의 경계가 혼돈되는 시대의 독특한 생명체들이다.

인간과 잡종이 될 수 있는 동물이 있을까

일단은 없다는 것이 정설인데, 인간과 상당히 가까운 동물, 예를 들면 보노보(피그미 침팬지)라면 혹시 가능할지도 모른다.

보노보와 인간에게는 조금 닮은 부분이 있다. 그것은 다음 세대를 남길 목적 이외에 교미를 하는 것이다. 인사 대신으로나, 원활한 커뮤니케이션을 위한 수단으로 교미를 하는 것이다.

여담이지만, 이전에 큰 종합병원의 여간호사와 이야기할 기회가 있었다. 지금은 내과에 근무하고 있다고 하였는데, 내과 의사 전원과 교미를 하고 있었던 것 같

진화와 생명의 불가사의

다. 그렇게 해두면 서로를 속속들이 알게 되어 일하기가 쉽기 때문이라고 하였다. 그리고 지금은 없어진 애완동물샵 이야기인데, 여기에서는 여성 점원 모두가 사장과 육체관계를 맺고 있었다. 또 다른 애완동물샵이 있었는데, 여기의 점원은 모두 남성인데도 모두가 성관계를 맺고 있었다. 즉 하나의 팀워크를 이루기 위해, 아무 것도 모르는 타인이 아니라, 그렇다고 혈연관계만으로 하나의 무리를 만드는 것은 한계가 있기 때문에, 혈연관계 일보 직전인 육체관계를 맺고 사는 것이다. 그러한 행위를 보노보 원숭이도 하고, 인간도 한다.

즉 동족 간에 살아가기 위하여, 교미 욕구를 잘 이용하는 것이 인간계에도 있지만, 보노보 사이에도 서로 더욱 친밀해지기 위하여 경우에 따라서는 친자 간에도 교미를 해버리는 예도 있다.

보노보와 인류 사이에 유전자의 차이는 3% 미만이라고 한다. 즉 인간과의 갈림길은 불과 3%의 유전자 차이뿐이다. 일반적으로는 염색체가 반씩이 되어, 상대의 반과 이쪽의 반의 숫자가 맞지 않으면 새끼를 만들 수 없다고 되어 있지만, 혹시나 보노보와 인간이라면 아기

인간으로 오인되었던 침팬지 올리버

올리버는 1972년 아프리카의 콩고에서
새끼 침팬지를 찾던 밀렵꾼들의 그물에 걸려 사람과 첫 대면을 하게되었다.
그후, 콩고에 거주하던 미국인 조련사 버거에게 팔린 올리버는
집에 오자마자 두발로 주위를 걸어다녔고,
화장실을 쓸줄 알았으며, 사람처럼 TV를 보고 재미난 장면이 나오면
깔깔 웃어대고, 집안 침대 위에서 잠을 자기를 좋아했다고 한다.
올리버는 암놈 침팬치에는 전혀 호감이 없고 자꾸만 사람들을 쫓아다녀,
끝내 버거 씨는 녀석을 미국의 한 동물원에 팔았다.
미국의 동물원에 오게된 뒤 하루 종일 의자에 앉아
방문객들을 노려보며 뾰쭉한 물체들을 집어던진 올리버는 곧장 밀폐된 공간에 갇혔다.
밀폐된 공간 안에 있던 의자와 TV,
그리고 장난감 등을 사람같이 가지고 놀던 모습을 보여준 올리버는,
곧바로 동물원의 조련사들에 의해
'아프리카에서 잡힌 유인원'이라는 이름으로 전시가 되었다.
그후, 올리버는 전세계의 일약 스타가 되었고,
유명한 유전공학 과학자들은 모두 올리버에게 많은 실험을 하게 된다.
처음 올리버는 염색채가 46개인 인간과
48개인 침팬지/원숭이과의 중간인 47개임이 밝혀져,
'사람과 혼혈이다', 'CIA가 만들어낸 괴물 원숭이',
'아프리카 콩고 지방 전설에 나오는 유인원의 실체' 등의 많은 소문이 나돌았다.
그러던 1997년, 당시 시카고 대학은
'올리버가 염색채가 48개인 완벽한 침팬지'라는 연구결과를 발표했다.
그후, 텍사스의 동물원으로 옮겨진 올리버는
현재 같이 살고있는 침팬지들과 사이좋게 지내게 됐으며,
지금은 20살이 훨씬 넘어 다른 침팬지들과 다르게 대머리가 되었다.

침팬지 올리버

가 만들어지지 않을까.

　옛날에 인간과 침팬지의 혼혈이라고 해서 소동이 일어났던 올리버는 결국 DNA를 조사해보니 나이 든 침팬지였다는 것이 증명되었는데, 당시 '올리버와 잠자리를 같이 해서 아이를 만들어도 좋다.'고 한 일본의 여배우도 있었다.

개와 고양이의
잡종은 가능할까

이것은 계통이 너무 떨어져서 할 수 없다.

레오폰의 경우는 같은 고양이과로서, 종이 다른 동물끼리의 잡종이었지만, 개와 고양이는 더 거슬러 올라가 '과'가 다르다.

혹시 가능하다 하더라도 족제비란 개와 고양이의 중간쯤 되는 특징을 가지고 있으므로, 아마 족제비 같은 동물이 될 것이다.

족제비는 대단한 동물이다. 기본적으로는 혼자 생활하고, 일격필살의 사냥꾼이며, 고양이만큼 흠칫거리지 않고, 개와 같은 불굴의 정신을 가지고 있다. 그러므

로 초식동물로서는 가장 적으로 삼고 싶지 않은 동물이 족제비과일 것이다. 족제비는 강하다. 절대로 지지 않는다. 상대에게 크게 물려 상처를 입어도 결코 기가 꺾이지 않는다.

식육목 족제비과 오소리.

국립중앙과학관 소장

세인트버나드와 치와와의 잡종은 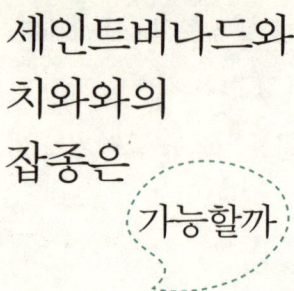 가능할까

우선 세인트버나드와 치와와와 같이, 외관이 아무리 다른 개 종류라도, 학명은 모두 '카니스 패밀리아리스(Canis familiaris)'로 동일종이다. 견종(품종)이 다르다고 하더라도, 유전자적인 '종'은 같기 때문에, 새끼를 만드는 것도 이론상으로는 전혀 문제가 없다.

다만, 이 경우에 크기가 너무 다르기 때문에, 자연적으로 합체가 되는 상황은 없을 것이다. 가령 인공수정이나 기타 수정이 가능하다 하더라도 다른 문제가 발생한다.

세인트버나드가 어머니인 경우, 태내의 새끼가 너

무 작아서, 유산할 가능성이 높다. 반대의 경우에도 치와와의 자궁 용량에 비해 새끼가 너무 커서 제왕절개가 필요해질 것이라 생각한다.

결국 인공적인 지원이 필요하게 되고, 무리해서 이런 일들을 할 의미는 없다.

애완견은 야생동물처럼 환경에 적응하기 위하여 자연스럽게 모습을 바꾸어 성립한 것이 아니라, 대부분은 인위적으로 만들어진 것이다. 작게는 600g의 치와와부터, 크게는 100kg의 마스티프까지, 체중 차이만 보더라도 100배 이상 될 만큼 매우 다양하다. 이렇게 많은 애완견이 있는 이유는, 개가 오랜 옛날부터 인간을 돕는 가축이었기 때문에, 그 목적에 따라 적합한 형태를 인간이 추구해 왔기 때문이다.

그렇다면 모든 견종을 교배시켜 가면 어떤 개가 될 것인가? 아마도 일본개와 같은 소박한 느낌의 개가 될 것이라 생각한다. 체중 10kg 정도, 선 귀, 말린 꼬리, 색깔은 최종적으로 고동색이 되지 않을까? 조금은 늑대를 닮은, 그런 외관이 개의 원형에 가깝다고 생각한다.

뿔이 달린 호랑이를 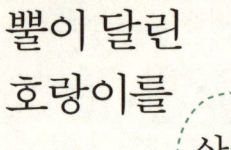 살린다

이론적으로는 가능한 것 같다.

복제에 필요한 DNA를 봉인해 주는 물질이 그 영화에서는 호박(琥珀)이었다. 호박 안에 들어 있는 흡혈성 곤충의 체내에서 추출한 공룡의 혈액 DNA를 사용하여 쥐라기의 공룡을 부활시켰던 것이다.

나는 그 방면의 전문가가 아니어서 자세히는 모르지만, 극지방의 빙토에서 발굴된 맘모스의 세포에서 비교적 손상되지 않은 DNA를 추출하여 그것을 아시아 코끼리의 난자에 넣겠다는 안이 한 때 화제가 되었었다.

상당한 수준으로 확립된 기술임에도 불구하고, 미

국이나 스위스, 프랑스, 캐나다 등의 투자가들이 솔선해서 그런 실험을 기술자들에게 시키지 않는 것으로 보아, 실제로는 아직 불가능한 것이 아닐까? 바이오 테크놀로지가 진보한다 하더라도 내 견해로는 우리가 듣고 있는 만큼 의학이나 생물학이 진보하지 않았다고 생각한다. 인공심장은 아직도 없고, 게다가 인공신장이나 인공간장은 인류가 멸종할 때까지 만들지 못할 것이다.

　게다가 멸종된 생명체를 부활시킨다면 그것이 무엇이 될 것인가라는 의문도 있다. 다들 금방 싫증을 내기도 하고. 일 년 반 정도 지나면 거의 화제가 되지 않는 경향이 있다. 예를 들면 영구빙토에 갇혀 있던 검치호(saber-toothed tiger)를 현생의 시베리아 호랑이 같은 동물에 DNA를 이식시켜 다시 살아나게 하였다면 문제는 그 다음이다. 일순 다들 흥분하겠지만, '제2탄! 티라노사우루스·렉스'라든가 '제3탄! 스테고사우루스'라고 하는 사이에, 사람들이 모두 점점 '또 했어?'라는 감정이 되어 버릴 것이다.

　그런 것들을 하기보다는 투자가로서 에이즈나 인플루엔자, 암 등의 특효약 개발에 투자하는 편이 확실

한 이익을 낼 것이다.

　　멸종 동물의 부활은 할 수 있을지는 몰라도 아직 불확실하고, 한다고 해서 평가나 이익을 얻을 수 있을까라는 점에서 보면 별 의미를 찾기 어렵다. 또는 생명윤리적인 이유도 있을 수 있다. 그러한 관점에서 보면 실현될 가능성은 별로 없는 것 같다.

검치호는
부활할 수 있을까?

가장 큰 검치호는
길이가 1.2m~1.5m 정도였다.
2개의 큰 송곳니가 특징으로,
강한 턱과 목 근육으로
먹이를 찔러 죽였다.
(버지니아 자연사 박물관 소장)

진화와
생명의
불가사의

인간은 어디에서 와서 어디로 가는가

- 인간은 어디에서 왔을까
- 인간은 육상동물인데 왜 털이 적을까
- 인간과 동물은 어떻게 다를까
- 동물 중에서 가장 머리가 좋은 종은?
- 인간도 진화하여 다른 종류가 될 가능성은 있을까

인간도 동물계의 한 종이므로
생명체 일반에 해당되는 법칙은 적용할 수 있다.
이 장에서는 그러한 이야기를 해 보도록 하겠다.

인간은 어디에서 왔을까

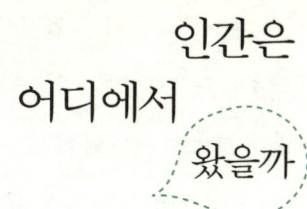

쥐에 가까운 '식충목(食蟲目)'이라는 동물이 있다. 또한 식충목의 조상과 같은, 그러한 원시적인 동물에서 진화한 것이, 원숭이와 인간이다.

식충목과 쥐 무리들은 많이 닮았다. 이빨을 보면 차이를 잘 알 수 있다. 쥐는 상당히 분화된 이빨을 가지고 있다. 앞니가 발달하여 나무 열매 등 딱딱한 것들을 갉아먹을 수 있게 되어 있다. 이에 비해 식충목은 어금니, 송곳니, 앞니가 그다지 구별되지 않았다. 오로지 벌레만 먹던 동물이라 그만큼 분화한 이빨을 가질 필요가 없었던 것이다.

또한 원숭이나 인간에게는 처녀막이 있는데, 실은 식충목도 처녀막이 있었다. 지금도 식충목인 두더지나 박쥐에게는 처녀막이 있다. 덧붙인다면 수컷 박쥐의 성기는 인간의 그것과 너무나 닮았다. 원숭이의 성기도 마찬가지이다. 하지만, 소, 돼지, 개, 그리고 파충류 등은 전혀 다른 형태를 띠고 있다.

생식기란 의외로 동물의 계통을 확인하는 데 유효한 형태적 특징을 지니고 있다. 그러한 점에서 보더라도 원숭이의 조상은 두더지나 박쥐 등의 또는 히미즈(두더지과의 포유류로서 일본 특산이다) 등의, 식충목에 가까운 것이었다는 사실을 납득할 수 있다.

인간은 육상동물인데 왜 털이 적을까

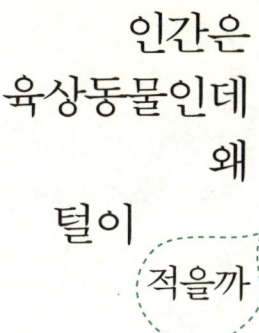

체모(털)가 적은 포유류라 하면 어떤 동물이 있을까? 고래나 돌고래, 강치, 물개 등 바다에 사는 포유류는 특히 털이 적다. 그리고 하마, 코끼리 등은 물을 좋아해 물가나 습지에서 생활하는 동물이다. 물속에서 생활하자면 털이 방해가 되기 때문이다.

그렇다면 인간은 수중 생활을 하는 동물도 아닌데 왜 털이 적을까?

하나의 설이지만 '수생 유인원이론(Aguatic Ape Theory, AAT)'이라는 것이 있다.

바닷가에 살고 있던 원숭이가 사나운 짐승에게 쫓

길 때마다 물속으로 도망쳤다. 숨을 쉬기 위하여 머리만 바깥으로 내밀고 지냈다고 한다.

　이와 같은 경우, 바닷물의 부력은 직립하기 쉽도록 한다. 물속에서 직립하여 그대로 해변까지 돌아오면 직립보행이 된다. 물속에서 직립한 경우, 새끼에게 젖을 물리고 있던 암컷은 숨을 쉬기 위하여 높은 위치로 올라가야 했다. 그러자 가슴 이하의 젖들은 쓸모가 없게 되고 가장 위의 젖만이 남았다고 한다.

　결국 인간의 조상은 해변에서 반 수생 원숭이로서 진화하는 도중이었던 것이 아닌가 한다. 물속에 들어가면 털은 방해가 되니까 호흡하기 위하여 수면 위로 내민 머리만 남기고 다른 곳은 매끈매끈해져 버렸다. 털이 없어지면 벌레도 붙지 않고 좋았다.

　직립함으로써 뇌가 커지자 그것을 받치는 등뼈가 발달하였다. 나아가 두 손이 자유롭게 되었기 때문에, 양손으로 여러 가지 장난도 할 수 있게 되었다.

　나는 아무래도 수생 유인원 이론이 맞는 것이 아닐까 생각한다.

　그 근거로서, 인간은 원숭이의 일종인 주제에, 염

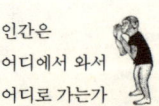

분에 매우 강하다. 짠 것을 먹어도 아무렇지도 않다. 그렇다기보다는 짠 것을 원한다. 이렇게 짠 것을 먹어도 아무렇지 않은 육상동물은 거의 없다.

　아직 도구가 발명되지 않았고, 문명이 번성하기 전의 무력한 인간의 사냥물이라고 한다면, 아무래도 날아다니는 새, 나무 위의 동물, 날쌔게 달리는 동물은 무리였다고 생각한다. 인간이 맨손으로 잡을 수 있는 아둔한 생명체란 무엇인가 하니, 게나 조개 정도밖에 없다. 본래부터 인간은 조개·새우·게 등으로부터 단백질을 섭취하였던 것이 아닐까.

　그러므로 게나 조개를 먹을 때면 인간은 말수가 줄어드는 것이 아닐까? 게 전문점에서 '게 모듬'을 먹고 있는 사람을 보면, 거의 원숭이다. 물어서 껍질을 깨고, 애달아하며 손가락으로 후벼내서 버리는 것 없이 핥아 먹는 것이다. 너무나 동물적으로 먹는다. 맨손으로, 직접 입을 대고 빨거나 핥거나 하면서 필사적으로 먹는다. 이러한 점에서 보더라도 나는 인간 본래의 먹이는 아무래도 게나 조개였던 것이 아닐까 생각한다.

인간과 동물은
어떻게 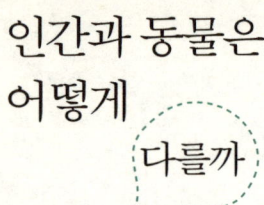 다를까

살아가기 위하여 하고 있는 행위는 인간도 동물도 기본적으로는 동일하다. 단지 규모가 다를 뿐이다.

굳이 이야기한다면, 인간은 다른 동물에 대해 먹기 위한 목적 이외에도 애정을 가지고 있고(여기까지라면 개도 할 수 있지만), 고도의 뇌 능력을 살려, 가까운 미래를 예측할 수 있다. 가까운 미래를 예측한다는 것은 전망을 세울 수 있다는 것이다. 예지능력은 아니다.

개의 경우에는, 인간을 너무나 존경하여 먹이가 없어도 은혜를 느끼고 따라 온다. 하지만 장래에 대한 계획을 제대로 세우지 못하기 때문에 먹이도 없는데 새끼

를 잔뜩 낳기도 한다. 그 부분은 도저히 어쩔 수 없다. 인간이라면 '나는 지금 백수니까, 여자 친구가 임신해서 아이를 낳더라도 먹여살릴 수 없다. 그러니까 자동판매기에서 콘돔을 사 두자.'라는 전망을 세울 수 있다. 또는 '사회에서 괜찮은 직장을 잡기 위해서는 초등학교 졸업으로는 거의 불가능하니까 적어도 고등학교 정도는 나와야지.'라든가, '나는 신장이 150cm니까 스모선수는 포기하자.'라는 판단을 할 수 있다.

그 점에서 동물들은 무리한 짓을 한다. 치와와 주제에 도사견에게 덤벼들기도 한다. 도사견도 또한 적당히 조절하지 않는다. 한 마리의 수컷으로서 도전해 온 이상 '이 녀석은 꼬마니까.'라고 해서 적당히 다루거나 하지 않는다. 제대로 물어 던져서 치와와는 폭삭 망그러진다. 역으로 이야기하면 겉모습으로 차별을 하지 않는 것도 짐승이다. 짐승에게는 차별의 마음이 없다. 그러므로 좋은 의미에서 짐승이라면 그것은 좋은 것이라 생각한다.

인간이 다른 동물과 다른 점이 하나 더 있다. 인간에게는 돌발적으로 대천재가 나온다. 그리고 그 대천재가 무언가를 발명·발견함으로써 다른 많은 사람들이 살아갈 수 있게 되는 특징을 지니고 있다. 백신, 축음기, 전구, 비행기, 청색 다이오드, 원자력 발전 등등. 이런 것들은 인간이라면 누구나 만들 수 있는가 하면 그렇지 않다. 일부의 대천재가 발견하고, 개량하고, 실용화하고, 그리고 아무 것도 발명하지 않은 대다수의 인간들이 그것에 의존해 살아간다.

갑자기 무인도에 갇힌다면, 옷을 입을 수 있을지조차 의심스럽다. 단추 하나는 고사하고, 아마 실 한 올조차 만들지 못할 것이다. 살상력 있는 수렵용 활과 화살도 만들 수 없을 것이다. 장난감 가게에서 파는 정도의 활로는 동물을 사냥할 수는 없다.

그러므로 일부의 발견자·개발자들에 의해 그 외의 많은 사람들이 도움을 받는 점도 인간의 특징 중 하나이다. 이런 모습은 다른 동물의 세계에서는 없다.

동물은 모두 같은 행동을 한다. 원숭이도 차례차례 고구마를 씻거나, 순서대로 온천에 들어가는 지혜를 가르치는데, 한 마리가 시작하면 누구나 할 수 있게 된다. 원숭이 무리 1000마리 중에 1마리가 인간의 말을 사용

하기 시작하여, 원숭이의 생각을 인류에게 전할 수 있었다, 하는 일 따위는 없다. 모두가 같은 능력으로, 같이 행동한다.

인간은 보통의 인간과 천재 인간의 능력 사이에 큰 차이가 있다. 나 자신도 아무것도 개발하지 않았고, 단지 천재가 만든 도구와 기술을 사용하여, 자신의 인생을 죽을 때까지 살아가는 데 지나지 않는다.

생각을 해 보면 금방 알 수 있을 것이다. 예를 들면, 중력 반감 장치라든가, 원격 이동 장치라든가, 타임터널 등은 만들 수 없다. 그렇기는커녕, 전구 하나, 전기도 만들지 못한다. '아니야 전기는 만들 수 있어, 셀룰로이드와…….'라고 하지만, 정작 셀룰로이드를 만들지 못한다.

어떻게 해서든 자력으로 전기를 만들어야 한다면, 나라면, 어찌어찌 노력해서 아마존까지 가서, 1m가 넘는 늙은 전기뱀장어를 잡아 오겠다. 순간적이기는 하지만 800볼트를 내니까, 그것을 전원으로 쓸 궁리를 하겠다. 말도 쓰러뜨리는 전력이라니까. 그래봤자 대단한 발상은 아닌 것 같다.

동물 중에서
가장
머리가 좋은

좋은?

아귀 수컷은 몸집이 대단히 작고, 깊은 바다에서 만난 암컷에게 기생하여 살아간다. 썰렁하고 어둡고 먹이가 부족한 곳에서, 암컷과 수컷이 서로 찾아다닌다면 너무나 효율성이 떨어지기 때문이다. 수컷 아귀는 암컷과 만나면 금방 물고 늘어져 피를 빠는 사이에 합체한다. 더욱이 합체하고 있는 동안에 혈관까지 개통해 버려, 최종적으로는 암컷의 돌기와 같은 형태가 되어 기생한다. 그렇게 되면 항상 함께이기 때문에 자손을 남기는 데 매우 유리하다. 그것을 인간이 겉으로만 보고 '아귀는 영리하구나.'라고 생각한다. 그러나 이 영리함은

아귀 암컷(아래)과 수컷(위)

'솜씨가 좋다'는 의미의 영리함인데, 아귀 자신이 생각해 낸 것은 아니다. 자연계가 그렇게 만든 것으로, 뇌 지능이 뛰어나다는 의미는 아니다.

꽃사마귀는 난초의 꽃과 매우 닮은 모습으로 변신하여 먹이를 기다린다. 역시 매우 영리한 전법이지만, 마찬가지로 뇌가 영리한 것은 아니다. 물론 이것도 자연계가 그렇게 만든 것인데, 생명체의 영리함을 표현할 때, 이와 같이 자연계에서의 생활전략을 가리키는 경우가 있다.

한편 인간은 바다를 더럽히고 하늘을 오염시키고, 동물들을 점점 더 멸종시켜서 스스로 자신의 목을 죄고 있다. '인간은 어리석다, 바보다.'라는 말을 듣기도 하는데 확실히 그렇기도 하지만, 지능이 낮다는 의미는 아니다. 복잡한 인간사회를 살아가는 인류가 다른 자연계에 대하여 배려할 여유를 잃어버렸을 뿐이다.

머리가 좋고 나쁘고 하는 표현은, 통상적으로는 지능을 문제시한다. 지능의 관점에서 이야기하면, 머리가 가장 좋은 것은 아무리 생각해도 역시 인간이다. 다만 지능이 뛰어나다고 해서 그 동물이 가장 우수한가 하면 그렇지는 않다. 인간도 우연히 필요에 의해 뇌를 발달시킨 것에 지나지 않는다.

생물의 세계에서는 눈동자도 손톱도 코도 뇌도 모두 평등하다. 모두가 몸의 부품이니까. 매는 50m 떨어진 곳에서 신문의 글자를 읽을 수 있을 정도의 뛰어난 시력을 가지고 있다. 근육이나 골격에 관해 이야기한다면, 치타는 시속 116km로 달릴 수 있다. 동물은 각각 자연계에서 살아남기 위하여 특화된 능력을 가지고 있다. 그에 비해 인간은 뇌를 발달시켜 생명을 유지하려고 하는 것이다. 단지 그 차이이므로, 뇌가 좋으니까 위대하다고 할 수 없다.

지능은 가장 우수할지 몰라도 하는 짓을 보면, 인간이 가장 어리석지 않을까?

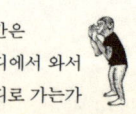

인간도 진화하여
다른 종류가
될 가능성은
있을까

있다.

지구환경이 변하여 어쩔 수 없이 육지에서 쫓겨나는 경우, 인간도 생명체이므로, 어떻게 해서든 종족 자체가 삶을 연장하려고 노력해서 조금씩 형태를 바꿀 가능성은 있다. 어디까지나 호모 사피엔스로서 생활 형태가 바뀌고, 그 환경에 적응한 몸이 되어 가는 것이 아닐까?

예를 들면 헐리우드의 영화 "워터 월드" 같은 일이 실제로 일어난다고 하자. 인구과밀 등 여러 가지 이유로 인해 대기 중의 이산화탄소 농도가 높아진다. 해면

온도도 상승하여, 이윽고 남극과 북극의 빙하가 녹아 높아진 해면 수위 탓에 육지가 없어질 경우에 어떻게 될까?

　얼마 남지 않은 육지에 살 수 있는 사람은 좋겠지만, 분명 밀려나는 사람도 나온다. 그 사람들은 반 수생 생활을 강요당하게 되는 것이다. 그것을 견디낼 수 없는 사람은 죽게 되겠지만, 견디낼 수 있는 특질을 가진 사람은 살아남게 될 것이다. 적응할 수 있는 자들끼리의 결혼에 의해 그 형질이 남고, 대를 거듭하는 사이에 더욱 강조되어, 점점 더 수생인간이 되어 간다. 그러한 가혹한 상황에서는, 아마도 인간 특유의 문명이나 문화는 포기하지 않을 수 없기 때문에, 동물로 돌아가지 않을까 생각된다. 외관은 마나티 같은 느낌의 동물이 될지도 모르겠지만, 실은 호모 사피엔스의 변종인 것이다.

　그리고 육지에 살아남은 승자는, 그 지경까지 인간 세계가 파괴되면, 주기적으로 나타나는 대천재의 출현율도 저하하여 오랫동안 과거의 문명에 의존하여 살아가야 될지도 모른다. 하지만 점차 뇌의 퇴화가 일어나지 않을까? 그때가 되면 연필이나 자명종 시계를 보더라도

'이게 뭐하는 물건이지?' 하고 생각할 뿐, 이용하지 못할 가능성이 있다. 그리하여 단순한 동물로서의 육지사람, 바다사람으로 나누어 살게 될 지도 모르겠다.

다윈 참새가 갈라파고스 제도로 건너가 섬에 따라 환경에 따라 다른 상황에 적응하는 과정에서 부리의 모양이 변한 것처럼, 인간도 환경에 따라 모습이 바뀔 가능성은 충분히 생각해볼 수 있다.

더욱이 육지가 수몰되어 인류가 점점 더 적어져 가면, 이산화탄소를 배출하는 동물이 적어진다. 그러면 이번에는 지구가 원래대로 돌아갈 것이다. 또한 지구가 식어서 해면 수위가 낮아지면, 과거의 육지가 드러난다. 육지가 드러나더라도, 바다의 공간도 충분하기 때문에 육지인간·바다인간으로 나눠진 생활은 계속된다. 그러나 이 인류는 과거의 인류가 지녔던 능력은 가지고 있지 않다.

이런 저런 사이에 이번에는 대륙의 플레이트가 제2의 판게아(Pangaea)를 만든다. 과거의 초대륙 판게아가 분단되어 아프리카, 유럽, 남북 아메리카, 오스트레일리아 등의 대륙으로 나눠진 것처럼, 이것이 또 한 번 합

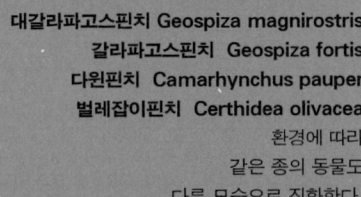

대갈라파고스핀치 Geospiza magnirostris
갈라파고스핀치 Geospiza fortis
다윈핀치 Camarhynchus pauper
벌레잡이핀치 Certhidea olivacea

환경에 따라
같은 종의 동물도
다른 모습으로 진화한다.

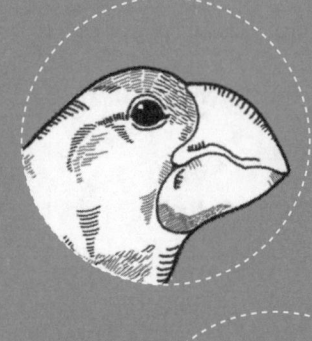

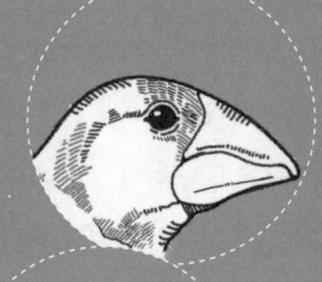

핀치의
부리 모양
변화

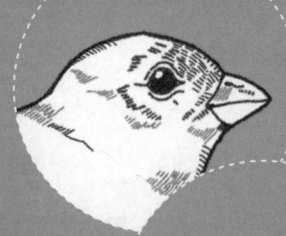

쳐질 예정이다. 합쳐졌을 때 무엇이 일어날 것인가 하면, 산이 생겨난다. 결국 지구의 표면에 있는 육지라고는 물에 떠 있는 그림 맞추기 퍼즐과 같은 것으로, 매년 1cm 씩 이동하고 있는 것이다. 이것이 오랜 세월에 걸쳐 이동하여 각각 떨어져 있게 되었지만, 언젠가는 다시 한 장소로 모일 것이라고 한다.

그 때에 플레이트끼리 서로 부딪혀, 높은 산들이 여기 저기 생겨난다. 이미 문명 같은 것은 존재하지 않는 산기슭에는 고목들이 많이 서 있을지 모르겠다. 그 때 거기에 남겨진 육지인간이 기복이 심한 곳을 날 듯이 뛰어오르거나 혹은 고목을 이용하여 공중을 건너서 이동하는 생활을 계속하는 사이에, 조류인간까지는 가지 않더라도 박쥐원숭이나 하늘다람쥐처럼 적응할지도 모르겠다.

그렇게 되면 하늘·육지·바다에서 하늘인간, 육지인간, 바다인간이 나누어 살게 될지도 모르겠다. 여

● **판게아(Pangaea)** 고생대와 중생대에 존재했던 초대륙이다. 1915년 독일의 알프레트 베게너가 제안한 이름이다. 3억 년 전에 대륙이 뭉쳐 판게아 대륙이 만들어지면서, 애팔래치아 산맥, 아틀라스 산맥, 우랄 산맥 등이 생겨났다. 판게아 대륙을 둘러싼 드넓은 바다는 판탈라사 해라고 부른다. 1억 8천만 년 전인 쥐라기에 판게아는 남쪽의 곤드와나와 북쪽의 로라시아로 나뉘었다. 판게아는 오랜 시간이 흐르면서 점차 분리되어 현재와 같은 6개의 대륙으로 나뉘게 되었다.

기까지 오면 서로 교배하는 일은 없어질 것이다. 즉 같은 조상을 가진, 근연의 별종 동물이 되는 것이다.

인간도 생명체이므로, 무제한적으로 지능이 진보하지는 않을 것이라고 생각한다. 지구에 있는 이상, 모든 사물에는 한계가 있다.

지구상에서 거대해지는 한계, 작아지는 한계, 모든 한계가 있다. 인간의 대뇌도 무제한으로 진보하지 않는다. 산이 있으면 계곡이 있듯이, 꽃이 무성할 때가 있으면 고목이 되는 시기도 있다. 인간이란 동물은 일거에 치고 올라와 지금이 최고조가 아닐까?

곤충은 위대하다

- 곤충이 지배하는 별, 지구
- 곤충은 어디에서 왔을까
- 곤충이 진화하면 척추동물이 되는 것일까

곤충은 동물계, 절지동물문, 곤충강(류)에 속하는 생명체이다.

이 장에서는 동물계 중에서도

별도 규격이라 할 수 있는 곤충에 대해 이야기한다.

곤충이 지배하는 별, 지구

지구상에서 가장 성공한 생물은 곤충이다. 지구상 생물의 98%가 곤충이니까. 즉 지구는 곤충의 별이다.

오히려 인간 등은 이단아이다. 포유류, 조류, 파충류, 양서류, 어류는 곤충의 입장에서 보면 극단적인 소수민족이다.

98%의 생물이 곤충이라 해도 느낌이 오지 않을 것이라 생각한다. 지구상의 동물이라고 하면 포유류가 가장 많은 것 아닌가 하는 이미지를 가지고 있는 사람도 많을 것이다. 왜 그렇게 생각하느냐 하면 사람들이 자신들의 세계를 중심으로 사물을 보고 있기 때문이다.

자연권 안에 인간사회가 있고, 인간은 사회적 동물이다. 그 사회는 고도로 복잡한 구조이기 때문에, 그 안에서 살아가기 위해서는 필사적으로 노력을 해야 하고, 주위를 둘러 볼 여유 따위는 없다.

그러한 인간들로부터는 별로 주목받지 못하는 곤충이지만, 실은 지구 전체에 있어서 매우 소중한 역할을 담당하고 있다.

알기 쉽게 설명하면, 식물의 꽃가루를 옮기거나 죽은 동물을 분해하는 등 눈에 띄지 않는 곳에서 다른 생명이나 환경에 도움을 주고 있다. 곤충이 없으면 지구는 살아갈 수 없다. 이제부터라도 곤충의 세계를 주의 깊게 살펴보면 좋겠다.

곤충은
위대하다

곤충은 어디에서 왔을까

 어류, 양서류, 파충류, 조류, 포유류는 모두 '내골격생물'이다. 진화상으로는 일련의 친척이라고 생각해도 좋다. 그러나 곤충은 '외골격생물'이라는 전혀 다른 계통의 생명체이다.

 외골격의 생물에는 육지기원과 바다기원이 있다.

 기본적으로 생명체는 모두 바다가 기원이다. 바다의 절지동물이라고 하면 게나 새우인데, 그것과 비교적 가까운 동물이 거미나 콩벌레, 쥐며느리 등이다. 이것은 바다에서 육지로 올라 온 절지동물의 원시형태를 지니고 있다. 구체적으로 이야기하면, 거미의 배를 뒤집 바다 기원의 절지동물 거미는 서폐가 있고, 육지 기원 절지동물 메뚜기는 기문을 가지고 있다. 같은 절지동물이라도 그 기원에 따라 다르게 호흡한다.

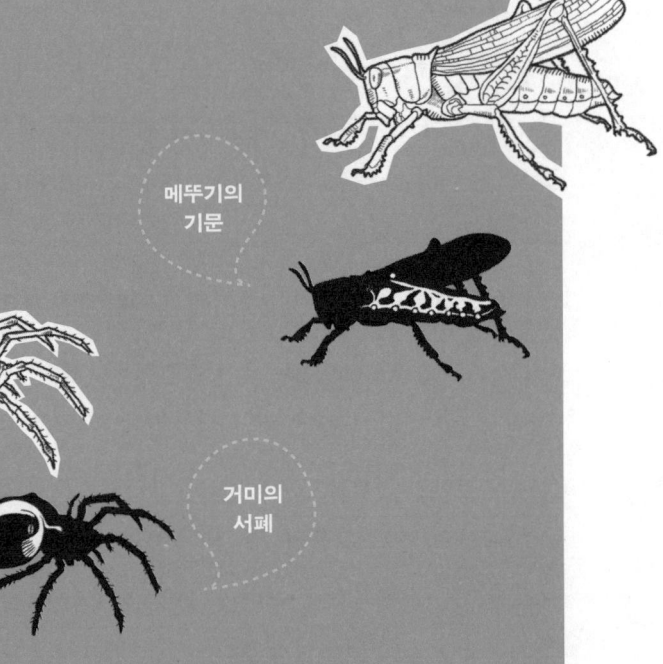

메뚜기의
기문

거미의
서폐

어 보면, 서폐라는 호흡기가 있는데, 이것은 바다에 있었을 때의 아가미의 흔적이다. 전갈도 바다 기원의 절지동물이기 때문에, 뒤집으면 서폐와 같은 것이 있다. '서폐(書肺)'란 글자 그대로, 책처럼 펄럭거리는 기관으로 이것으로 호흡을 한다.

반면에 바다에서 올라 온 뒤 육지에서 비로소 절지동물이 된 무리가 곤충이다. 이 녀석들은 서폐가 아니라, 기문(氣門)이라는 호흡기관을 가지고 있다.

바다기원인가 육지기원인가는, 품종에 따라 형태가 변했기 때문에 확인하기 힘든 경우도 있다. 나는 죽었을 때 게 냄새가 나는 것을 바다기원의 절지동물로 구분한다. 거미나 전갈은 죽을 때 모두 게 냄새가 난다. 곤충은 전혀 다른 냄새가 난다.

외골격을 형성하고 있는 조성도 다르다. 바다기원은 칼슘이 풍부하다. 그러나 육지기원의 절지동물은 칼슘이 아니라 당의 일종인 큐티쿨라로 만들어져 있다. 그러므로 메뚜기 조림을 '칼슘 만점'이라며 먹는 사람은 멍청이다. 칼슘 만점의 외골격생물을 먹고 싶다면 게, 새우 또는 거미나 전갈을 권한다.

곤충이 진화하면 척추동물이 될까

곤충이 진화하더라도 척추동물은 되지 않는다. 예를 들면 어떠한 원인으로 어류, 양서류, 파충류, 조류, 포유류가 전멸했다고 하자. 그러면 곤충은 이 니치의 공백을 메워야 한다. 다만 지구의 물리 법칙으로 곤충의 호흡기관을 생각하면, 기문을 사용하여 호흡하는 구조로서는 그다지 크게는 되지 않는다. 대기압 등 지구의 조성이 변하지 않는 한 무리이다.

어류 이상의 동물이 멸종하면, 당연히 코끼리도 멸종한다. 코끼리의 니치가 비어 있다고 해서 장수풍뎅이가 코끼리만큼 커지느냐 하면 그것은 무리다. 왜냐하면

곤충은
위대하다

지구의 물리 법칙을 벗어날 수 없는 신체 구조를 가지고 있기 때문이다. 지금의 대기압에서는 현생 곤충의 크기가 고작이다. 기문은 단지 구멍일 뿐이므로, 이 대기압에서는 몸의 깊숙한 곳까지 산소를 공급할 수가 없다.

만약 곤충이 진화하여 기문에 의지하지 않는 호흡 기관을 가지게 된다면 거대화도 가능해진다. 횡격막 같은 것을 만들어, 폐쇄혈관계로 진화하고, 당연히 이심방 이심실이 되어야 할 것이다. 그렇게 된다면 뇌로 오염된 피가 가지 않게 되고, 뇌수가 진보할 것이다.

음식과 생명체의 관계

- 입모양을 보면 먹이를 안다
- 하나만 먹을까, 모두 먹을까
- 원숭이가 먹이를 먹다 말고 버리는 이유
- 흡혈박쥐는 왜 피를 빨아 먹을까
- 늑대는 키운 인간을 먹이로 생각하지 않는다

입모양을 보면 먹이를 안다

애완동물샵에 특이한 동물이 들어와서 그걸 한 번 키워 보고 싶은 마음이 들 때, 나는 우선 입을 조사한다. 무엇을 먹는 녀석인가?

이솝 우화에 '학과 여우' 이야기가 있다. 학은 접시에 담긴 스프를 마실 수 없고, 여우는 가늘고 긴 호리병에 든 스프를 마실 수 없다. 결국 입의 모양이 다르기 때문에 마실 수 없었던 것이다. 그 동물의 입으로 먹기 힘든 것은 그 동물의 먹이가 아니다.

동물원에서 개미핥기를 사육할 때에, 아무리 해도 개미핥기 한 마리를 먹여 살릴 만큼의 개미를 확보할 수 없다.(다 자란 큰 개미핥기는 하루에 약 3만 마리의 개미를 먹는다.) 대용식이 필요하게 되는 것이다. 그래서 생각한 것이 갈아서 저민 고기이다. 이 고기와 우유를 섞어서 진득하게 만든 먹이를, 개미핥기는 그 가늘고 긴 입에서 날름 혀를 내밀어 핥아 먹는다. 그렇게 해서 살아간다. 때로는 냉동 개미 같은 것도 주긴 하지만.

입의 형태와 먹거리의 관계는 곤충도 마찬가지이다. 사마귀는 다른 곤충을 으드득 깨물어 먹기 위한 입을 가지고 있다. 방귀벌레는 매미와 같은 딱딱한 빨대를 가지고 있어서, 다른 곤충의 몸에 빨대를 꽂아서 체액을 빨아 먹는다. 배추흰나비는 꿀을 빨기 위한 긴 빨대를, 고비처럼 말아서 꽃의 꿀을 빤다. 아무리 맛있는 비프스테이크를 줘도 물론 먹지 못한다.

이와 같이 생명체의 생태와 입의 형태는 떼려야 뗄 수 없는 관계이다. 그렇게 생각하면, 다른 동물의 입과 비교해서 인간의 입은 의외로 이상하다. 오렌지를 통째로 입안에 넣는 침팬지 등과 비교할 때 묘하게 작다.

인간의 골격은 원시시대와 비교해서 그다지 크게 변하지는 않았다. 그러면 지금과 같은 어금니와, 조금

음식과
생명체의
관계

남아 있는 견치, 아주 평평한 앞니로 먹을 수 있는 주식이라면, 역시 조개나 새우 같은 것이 아닐까?

흰 코뿔소
입 모양을 보면 먹이를 알 수 있다.
평원의 풀을 주로 먹는
흰 코뿔소의
입 모양(○)은 넙적하다.

검은 코뿔소
입 모양을 보면 먹이를 알 수 있다.
나뭇잎을 주로 먹는
검은 코뿔소의
입 모양(○)은 뾰족하다.

하나만 먹을까, 모두 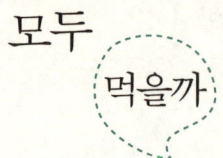먹을까

동물은 종류에 따라서는 그 먹이밖에 먹지 않는 '전식'과 무엇이든 먹어치우는 '잡식'이 있다.

그 동물이 살아가는 데 필요한 영양이 풍부한가 부족한가에 따라 그 동물의 진화 경로는 한정되어 버린다. 원래는 여러 가지를 먹는 편이 유리하겠지만, 그런 녀석들만 있다면 환경이 못쓰게 된다.

야생동물의 세계에서, 하나의 종은 큰 기계의 톱니바퀴와 같다. 어쩔 수 없이 그것을 먹게 되어 있지만, 그것을 그 동물이 먹어 주면 전체의 기계가 돌아가는 상황이 만들어진다. 이것이 대자연의 위대함이다.

음식과
생명체의
관계

만약 사자가 소나 영양과 함께 나뭇잎을 먹는다면, 소나 영양의 개체 수는 너무 많아지고 나뭇잎은 없어져서 그 식물층은 전멸해 버리고 말 것이다.

잎을 먹는 동물의 숫자를 일정하게 유지하기 위해서는 사자가 그 초식동물을 솎아내야 한다. 그렇게 해야만 초식동물도 증가하지 않고, 식물종도 멸종하지 않는다. 동·식물이 모두 서로 영향을 주고 받는 관계를 맺고 있다.

개미핥기는 '개미를 먹는 것만이 살아가는 길'이라고 생각했기 때문에 개미를 먹게 되었다. 만약 개미핥기가 다른 것을 먹기 시작했다면, 이번에는 개미의 수가 너무 증가하여 주위의 자연환경이 피해를 입게 되었을 것이다.

원숭이가
먹이를 먹다 말고
버리는 이유

앞에서 이 먹이를 따로 나누어서 먹는 것 말고도, 참 잘 만들어졌다고 생각되는 점이 있다. 그것은 원숭이가 먹이를 먹는 방법이다.

원숭이는 '이 계절에는 숲의 어디쯤에 어떤 열매가 있는지'를 알고, 이동하면서 그것을 먹는다. 그런데 원숭이가 먹는 방식이 너무나 예의가 없다. 조금 떼서 한 번 깨물고는 버리는 것이다. 하지만 그렇게 하면 원숭이가 흘린 것을 먹고자 하는 동물들, 요컨대 나무에 오르지 못하는 무리들이 모여 들어, 원숭이가 먹다 버린 것을 밑에서 주워 먹을 수 있다. 그리고 주워먹은 동물

음식과
생명체의
관계

한 입만 먹고 먹이를 버리는
원숭이의 식습관 덕분에
다른 동물들이 나무 위의
먹이를 나누어 먹을 수 있고,
식물은 씨앗을 멀리
퍼트릴 수 있다.
생명체의 세계는
전부 이어져 있다.

원숭이의
식습관과
생태계

들이 각자 자신의 거처로 흩어져 대변을 본다. 우연히 원숭이의 낭비하는 식습관 덕분에 나무에 오르지 못하는 동물들은 떨어진 열매를 주워 먹는 은혜를 입고, 나무로서도 광범위하게 씨를 퍼뜨릴 수 있어서 고마운 일이다. 너무나 잘 만들어진 자연의 시스템이다.

그런데 이와 같은 원숭이의 먹는 방식은 사육되는 원숭이도 마찬가지이다. 한 번 깨물고는 던져 버리기 때문에 먹이를 주는 사람을 매우 화가 나게 한다.

예전에 인플루엔자에 걸린 원숭이를 입원시켰을 때의 이야기이다. 원숭이는 보스의 동정을 사기 위하여 아주 과장되게 괴로운 척을 한다. 그 원숭이도 예외가 아니어서, 주인이 안 보이면 금방 환자 연기를 관두고, 링거를 스스로 뽑아내고는 '밥 줘!'라는 신호를 보낸다. 나는 복숭아나 살구를 가득 사 와서 주었다. 값이 싼 사과보다도 병에 걸려 식욕이 없을 때 맛있는 것을 먹여주고 싶었던 것인데, 특히 복숭아는 겨울이어서 아주 비쌌다. 그런데도 원숭이님은 딱 한 입만 베어 물고는 던져버리는 게 아닌가.

웬만큼 배가 고파져 그것밖에 먹을 게 없는 경우

는 다 먹지만, 대개는, 많이 있으면 아주 낭비적으로 먹는다. 하지만 이것은 자연계에서 나무에 오르지 못하는 동물이나 씨를 멀리 날려 보낼 수 없는 식물에게는 매우 유용한 방식이다. 물론 원숭이는 모든 이를 위해서 하는 일이 아니라, 본능에 따라 그렇게 하는 것이다. 흘린 것을 주워 먹는 녀석들도, 씨를 운반해 주려는 의도가 있는 것은 아니다. 각자가 자신들이 좋아하는 대로 하고 있을 뿐인데, 너무나 훌륭하게도 이치가 맞아 떨어질 뿐이다. 이것이 바로 신비한 자연계의 구조이다.

흡혈박쥐는
왜
피를 빨아 먹을까

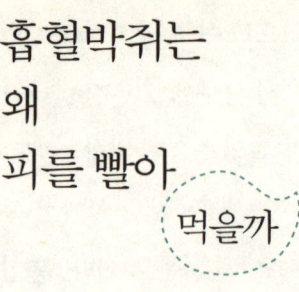

하늘을 나는 벌레를 먹는 것이 박쥐 본래의 기본적인 식생활이다.

그러나 모든 박쥐가 벌레를 먹는다면, 결국에는 먹이가 없어져서 박쥐 종 자체가 전멸해 버릴 것이다. 게다가 벌레가 적은 환경에 사는 박쥐도 있다. 그러므로 하늘을 나는 식충목 포유류인 박쥐는 '나눠먹기'를 해야만 한다.

예를 들면, 물고기만 먹는 물고기 박쥐가 있다. 수면에 이는 물결을 초음파로 감지하여 그 아래에 있는 물고기를 건져 내어 잡아 먹는다. 꽃의 꿀만을 빨아먹는

음식과
생명체의
관계

과일박쥐

박쥐나, 과일만을 먹은 과일박쥐, 게다가 박쥐를 먹는 박쥐도 있다.

이런 다양한 박쥐 중의 하나로 포유류나 파충류 등 동물의 피를 빨아먹는 박쥐가 있다. 흡혈의 이점은, 가장 손쉬운 영양 섭취 방법이라는 점이다. 동물의 혈액은 영양이 넘치기 때문에 머리부터 몸 전체를 먹어서 소화시켜야 하는 수고가 필요 없다. 영양을 섭취하는 데 이것보다 더 효율성이 높은 방식은 없다. 또한 그들은 '흡혈 혈액 보존 주머니'와 같은 것을 가지고 있어서, 배가 고픈 동료가 있으면 배가 부른 흡혈박쥐가 나눠 주는 경우도 있다.

흡혈박쥐라 하면, 드라큘라의 앞잡이라든가, 전염병을 옮기는 매개자라는 등 나쁜 이미지로 인식되는데, 동종 간에는 그러한 상냥한 습성도 지니고 있는 것이다.

배가 고파진 동료에게 자신의 음식을 나눠주는 박쥐의 행동은 매우 보기 드문 습성이라고 할 수

흡혈박쥐

아드울프는 작은,
초식성의 하이에나이다.
아프리카의 동부와 남부지역에 서식한다.
'흙늑대'라고도 불린다.
육식성인 다른 하이에나들과 달리
이 녀석은 오직
흰개미 같은 곤충을 먹는다.

아드 울프

있다. 개조차도 젖을 뗀 새끼의 먹이를 어미가 먹어버리는 경우가 있을 정도니까.

개과의 동물에도 편식가가 있다. 흙늑대라고 불리는 아드울프(Aardwolf)는 늑대라는 이름이 붙어 있지만, 벌레밖에 먹지 않는다. 그래서 그 대단한 송곳니가 없다. 슬금슬금 도망치며 돌아다니는 약한 동물이다.

이와 같은 나눠먹기는 여러 가지 환경 안에서 자연계의 법칙을 따라 만들어져 온 것이다.

늑대는 키운 인간을 먹이로 생각하지 않는다

처음에는 먹이라고 생각하고 떨어진 아이를 가져갔을 것이다. 그러나 어미 늑대는 육아 중이었던 관계로 모성 본능이 강조되어 인간의 아기를 보고 귀엽다는 생각을 했을 것이다. 그래서 자신의 새끼들과 함께 키웠던 것이 아닐까.

나는 인간과 개의 최초의 만남도 이와 유사한 것이었지 않을까 생각한다.

개는 처음에 인간이 버린 쓰레기를 뒤지러 왔을 것이다. 그 때 개는 인간의 아기를 먹었을 것이고, 경우에 따라서는 인간도 쓰레기를 뒤지러 온 개를 죽여서 먹었

음식과
생명체의
관계

늑대가 키운 소녀 아말라와 카말라.
마당에 엎드려 물을 마시는 소녀.
늑대처럼 네 발로 걸었다.
1920년 12월 인도에서 신그라는 사람이 가축을 잡아먹던 호랑이를
사냥하러 갔다가 동굴 속에서 늑대 새끼 무리를 발견했다.
그는 늑대 새끼 가운데 끼여있던 여자 아이 둘을 발견하고
그 아이들을 자신이 운영하던 고아원으로 데리고 갔다.
7살 혹은 8살로 보인 여자아이들은 원숭이 같은 울음 소리를 내며
네발로 기어다녔고 마치 늑대 새끼인양 신그라 씨 등을 물려고 했다.
그후 아말라와 카말라라는 이름으로 지어진 아이들은
인간과 같이 생활하기 위한 훈련을 받았다.
하지만 급격한 환경변화에 적응하지 못한 아말라는
안타깝게도 1년 뒤 사망하였다.
카말라는 그 후 8년 동안 두 발로 걷는 연습을 하며
인간의 옷을 입는 등 꽤 적응된 모습을 보여주었으나
1929년 17살 정도의 나이에 사망했다.
 이 아이들의 정체에 대해서는 결국 밝혀내지 못했다.

**아말라
카말라**

을 것이다. 남자가 사냥을 나가 '오늘은 이런 것밖에 못 잡았다.'고 하고, 강아지를 부인에게 건네 준 적도 있지 않았을까? 그 부인은 '아유, 귀여워' 하고 생각했을 것이다. 모성본능이 식욕을 이겼던 것이 아닐까 생각한다. 그리고 키워보니까 개는 인간의 무리를 자신의 무리라고 생각하였고, 인간에게도 개가 도움이 되었을 것이라 생각한다.

비슷한 경험을 나도 한 적이 있다. 미크로네시아를 여행하던 사람이, 현지의 게가 너무 맛있어서 세관과 크게 싸우면서도 일본으로 수입하여 살아있는 게를 선물해 주었다. 주위 사람들은 맛있어 보이니 빨리 삶자고 했다. 그러나 나는 식욕보다도 먼저 사육 욕구가 눈을 떠 그 녀석을 줄곧 수조에서 키웠다. '맛있어 보인다.'보다도 '꽤 멋있다, 키워보고 싶다.'고 생각했던 것이다.

그것은 모성 본능과는 또 다른, 조금 더 고도의 '취미'와 같은 높은 층위의 두뇌가 영향을 준 행동이었다고 생각하는데, 이와 같이 먹이로서 제공된 것을 받은 상대는 반드시 먹이로 보지 않는 경우도 있다.

07
인간과 동물

- 인간은 동물과 어떻게 만나면 좋을까
- 동물을 키우는 것은 오만?
- 가축은 평생 새끼이다
- 모든 개는 늑대보다 강하다
- 주인의 애정을 이해하는 사슴벌레가 있을까
- 생명체를 키워서는 안 되는 사람은 누구

인간은 동물과 어떻게 만나면 좋을까

동물은 몸과 생명 그리고 마음을 가지고 있다.

동물은 인간을 즐겁게 해주기 위하여 있는 것이 아니다. 개는 자신을 위하여 살고 있고, 고양이도 자신을 위하여 산다. 모든 동물은 자신을 위하여 살고 있다.

즉 지구상에 존재하는 여러 가지 생명체가 인간을 위해 존재한다고 생각해서는 안 된다.

동물도 인간과 마찬가지다. 그러므로 상대의 기분을 중시하는 교제를 해 주기 바란다. 늘 상대의 입장이 되어 생각해 주기 바란다. 동물들도 슬프거나 상처를 받거나 아프거나 무섭거나 등등 인간과 같은 감정을 가지고 있기 때문에, 이기적으로 자신의 즐거움을 우선시하는 행위를 강요하지 말아야 한다는 것이다.

자고 있는 개는 귀여워서 만지고 싶다. 하지만 만지게 되면 개는 잠을 깨 버린다. 이처럼 자고 있는 개를 깨워서까지 자신의 만지고 싶다는 욕망을 고집하는 이기심을 자제해주기 바란다. 그러한 배려의 마음이 현대의 인간에게는 꼭 필요하다.

보통은 '능숙하게 키울 수 있는 사람이 되기 바란다.'고 이야기해야겠지만, 능숙하게 키우지 못해도 좋다. 서투른 사람은 키우지 않으면 되니까. 동물을 능숙하게 키우는 기술의 99%는 사랑과 배려이다. 다른 사람에게서 기술을 배운다고 능숙해지지 않는다. 동물을 키우는 것이 익숙한 사람은 처음부터 능숙할 수도 있다. 동물을 키워도 매번 죽게 하는 사람은 키우지 않는 것도 동물에 대한 배려일지 모르겠다.

동물을 키우는 것은 오만?

가끔 '동물을 키우는 것은 인간의 오만'이라고 하는 사람이 있다. 이말은 맞기도 하고 틀리기도 하다.

동물은 '자연권에 사는 야생동물'과 '인간권에 사는 가축'이 있다.

가축은 인간이 키울 수 있도록 만들어져 있기 때문에, 가축을 키우는 것은 악이 아니다. 한편 자연권에 살고 있는 동물을 인간이 키우는 것은 오만이다. 야생동물의 본래 주인은 자연이기 때문이다.

예를 들면 치와와를 사막에 풀어 두고, 사자에게 목줄을 채운다면 학대가 아니겠는가?

'인간이 동물을 키우는 것은 오만'이라고 한 사람은 치와와와 사자를 같이 놓고 보는 것 같다. 요컨대 무지야말로 가장 나쁜 것이다. 치와와와 사자를 같은 차원에 둘 정도의 사람은 닭을 숲에다 풀어버린다든지 하지 않을까? '자연으로 돌아가라.'라고 하면서. 이는 유치원 아이를 정글에 남겨두고 가버리는 것과 같다. 일본 원숭이의 새끼를 산에다 풀어놓는 것과는 도리가 다른 것이다.

그러므로 동물에도 여러 가지 입장이 있다는 것을 이해한 후에, 그것이 오만인가 아닌가를 정확하게 판단할 수 있는 지식이 필요하다. 그와 같이 하기 위해서는 반드시 스스로 열심히 공부해서, 자연환경 또는 인류학에 대해 배우고, 그것에 부수되는 가축과 야생동물의 경계선을, 분명하게 상식적으로 이해해야 한다. 그러한 고생도 하지 않고 아는 것처럼 잘못된 의견을 이야기하는 사람이 가장 오만한 사람이다.

가축은 평생 새끼이다

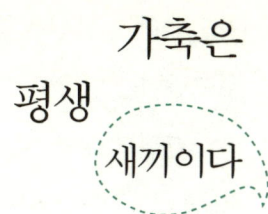

그런 이야기를 한 참에 가축에 대해 좀 더 설명해 보도록 하겠다.

가축이란 '자연권'을 벗어나, 인간과 함께 살아온 동물군이다. 개나 고양이를 비롯하여, 말·소·염소·닭 등등이다. 가축은 아니어도 '인간권'에서 사는 동물로는 참새나 까마귀 등이 있다. 인간권에 살고 있지만 그들은 야생동물이다.

가축에게는 야생동물과는 다른 성질이 있다. 가축은 모두 유형성숙(neoteny)이다. 정신적으로 평생 새끼인 것이다. 그러므로 평생 독립할 수 없다. 그런 이유로 가축에게는 자신을 돌봐 줄 인간이 당연히 필요하다. 집고양이는 인간이 키워야 비로소 집고양이다.

그러므로 '고양이는 집에서 산다.'라는 것은 영역을 중요시하는 고양이의 습성을 이야기하는 것에 지나지 않는다.

키우는 사람만 있으면 어디에든지 따라오는 개와는 달리, 고양이는 자신의 영역을 벗어나기 위해서 매우 큰 용기가 필요한 동물이다. 그러므로 이사를 할 때에는 키우는 사람이 책임을 지고 새로운 집을 고양이가 자기 영역으로 인식할 수 있도록 교육을 시켜야 한다. 고양이가 울든 아우성을 치든 우리에 가둬두고 한 달 정도 새로운 집에 익숙해지도록 하는 것이다. 그러면 옛날 집에 데리고 가도 새로운 집으로 돌아오게 된다.

모든 개는 늘대보다 강하다

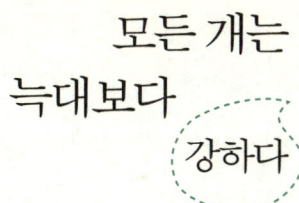

또 하나, 가축이 아니고는 있을 수 없는 이야기를 하겠다. 인간도 그렇지만 가축도 조금은 야생의 본능이 무너져 있다.

야생동물이 싸움을 하는 경우, 상대가 뒤로 빠지면 싸움은 끝난다.

아무리 싸움에서 이겨 상대를 죽였다 하더라도 그런 쓸모없는 승리를 위하여 만일 자신의 송곳니가 부러져 사냥을 할 수 없게 된다면 살아갈 수가 없기 때문이다. 야생의 세계에서 살아간다는 것은 그만큼 힘든 일이다.

그러나 개는 상대가 도망을 치든 비명을 지르든, 자신이 만족할 때까지 철저하게 공격한다. 야생권을 배신하고 인간권에 따라 들어온 개는, 생각마저도 인간의 마음에 들도록 바뀌어버린 것이다.

만일 늑대와 개가 싸움을 하면 늑대가 도망칠 것이다. 늑대 입장에서 보면, 야생의 법칙으로는 생각할 수 없는 개의 이상한 정신구조가 어쩐지 무섭기 때문이다. 물론 늑대가 진심으로 '이 놈 죽여 버리겠다.'고 생각하면, 개는 한주먹거리도 안 된다. 날카로운 송곳니, 강한 턱 등 전투 능력의 조건은 늑대가 한 수 위다. 하지만 보통 늑대는 거기까지 하려고는 생각하지 않는다. 상대를 쫓아버리기 위해 싸울 뿐이다.

늑대가 진심으로 죽이려고 하는 것은 상대를 먹이로 간주할 때뿐이다. 이 경우에도, 가능한 한 약한 상대를 노린다. 이것은 사자도 마찬가지인데, 근골이 왕성한 젊은 영양보다도 비칠거리는 늙은 동물이나 병이 든 개체를 노린다. 건강한 개체가 반격에 나서 자신이 상처를 입으면 손해니까.

주인의 애정을 이해하는 사슴벌레가 있을까

뇌로 이해하지 않더라도 본능적으로 '안심해도 좋을 상대'라고 생각하는 정도를 가지고 애정이라고 한다면, 아마 모든 동물이 주인에게 애정을 가진다고 할 수 있다. 이것은 송사리도 마찬가지다.

처음으로 수조에 들어간 송사리는 졸랑졸랑 안정감이 없고 먹이도 먹지 않지만, 점점 그 환경에 익숙해지면 먹이를 재촉하게 되기도 한다. 이것은 키우는 사람에게 애정을 느끼는 것은 아닐지 몰라도, 키우는 사람이 만든 환경에 순응한다는 말이다. 그 주인이 만든 환경은, 키우는 사람의 애정을 기초로 하니까 이를 두고 간접적으로 주인의 애정을 이해했다고 생각해도 좋을 것이다.

그러므로 개 이하의 동물은 키워도 키우는 사람의 애정을 알 수 없으므로 재미없다고 할 수는 없다. 사슴벌레를 붙잡아 와서 플라스틱 상자에 넣으면, 처음에는 버둥거린다. 그러는 사이에 젖은 버섯균이 붙은 상수리나무의 장작개비 같은 것을 넣어주면, 거기에 구멍을 파고 산다. 그리고 도망도 치지 않고 태연스레 나와서 쭈쭈 빨거나 한다. 이것도 키우는 사람이 애정을 담아 만든 환경을 받아들인 것인데, 간접적으로 키우는 사람의 애정을 받아들였다고 생각해도 좋겠다.

인간이 이해하기 힘든 단계부터 이해하기 쉬운 단계까지 있지만 어떤 동물이라도 마음이 있는 이상, 자신이 살아가는 환경을 지켜주는 상대에 대해서 나쁜 감정을 가지지는 않을 것이다.

다만, 동물에 따라서는 먹는 것이나 몸을 지키는 것을 무시하면서까지, 탈주만을 생각하며 죽어가는 동물도 있다. 그것은 포유류에서 벌레 종류까지, 나도 경험하고 있다. 오로지 도망가는 것밖에 생각하지 않으므로 먹이도 먹지 않고 죽는 것이다. 이것은 고등동물인지 하등동물인지에 관계없이 모든 동물의 종류에서 그러한 경향이 있는 녀석과 그렇지 않은 녀석이 있다.

사슴벌레 중에서도 준비한 환경에 잘 적응하는 종류는 평사슴벌레, 톱사슴벌레, 대사슴벌레 등이다. 미얀마사슴벌레는 익숙해지지 않는다. 아무리 키워보려고 노력하더라도, 쿵쾅거리며 바둥대다가 먹이도 먹지 않고 죽는다. 파충류에도 그러한 종류가 많다. 도망가려고만 해서 점점 상처만 입는다. 도마뱀이나 뱀이 그렇다. 햄스터는 적응해 가면서 도망가려고 한다. 딱 중간이다.

대부분의 거북이는 사육환경에 아주 잘 순응한다. 수조 안에서 나를 보면 먹이를 주는 사람이 왔다고 해서 큰 소동을 벌인다. 유리가 있다는 것을 이해 못하고, 열심히 이쪽으로 오려고 한다. 그러다가 홀딱 뒤집어지기도 한다. 이렇게 먹이가 먹고 싶어 돌진해 올 정도니까 친해졌다고 생각하고 만져보려 하면 또 도망간다. 뭐야 이건?

인간류에도 쓰다듬거나 만지거나 안거나 하는 애

정을 이해하지 못하는 동물이 아주 많다. 식당에서 '어서 오세요, 주인님.' 하고 물수건을 건네주었다고 해서, 그 사람이 자신의 아내가 되어 줄 것이라 생각해서는 안 된다. 인간 관계에는 지켜야 할 선이 있으니까.

사람의 애정을 가장 많이 이해해주는 동물은 개와 말이다. 그 이유는 인간과 마찬가지로 집단생활을 하는 동물이고, 가축으로 인간과 함께한 역사가 길기 때문이다.

돼지는 쓰다듬어주면 멍해지는데, 어떤 이유로 멍해져 있는지 아직은 알지 못한다. 다만 가렵거나, 기분 좋은 듯이 느끼고 있을 가능성도 있다. 확실히 개는 누군가가 자신을 쓰다듬어주면 좋아한다.

생명체를 키워서는 안 되는 사람은 누구

역시 자신의 일을 스스로 할 수 없는 사람이다. 자기 스스로도 돌보지 못하는 사람이라면 그 이외의 일은 당연히 할 수 없을테니까. 그런 사람이 생명체를 키워서는 안 된다고 생각한다. 다음으로 '배려'가 없는 사람도 동물을 키워서는 안 된다. 자신을 돌보는 일은 곧 자신에 대해 배려이다. 더욱이 타인에 대한 배려가 있어야 비로소, 그 종의 집단 내에서 집단생활을 할 수 있다.

그러므로 자신의 일을 분명히 스스로 할 수 있는 사람. 좀 더 엄격하게 이야기하면, 부모님께 의존해서 사는 사람은 무언가를 키우지 말아야 한다고 나는 생각한다. 초·중·고등학생이 키우는 동물은 사실 이중으로 키워지고 있는 셈이다. 그러므로 자신이 키워지고 있는 동안은, 무언가 동물을 가지고 싶어진 경우, 부모님께 '한 마리 더 키우자.'고 부탁해야 한다. '저를 키워 주셔서 감사해요. 이왕이면 개 한 마리 더 키워 줄래요?'

백보를 양보해서 부모의 돌봄을 받고 있는 사람이라도 동물을 키워도 된다. 하지만 반드시 자신의 일은 스스로 할 수 있는 사람이어야 한다. 빨래를 개거나 하는 기본적인 일을 할 수 없는 사람은 어떤 일을 꾸준히 하지 못할 것이 불을 보듯 훤하므로, 동물을 키우기에도 적합하지 않다.

신체적인 이유로 인해 하고 싶어도 할 수 없는 사람도 있다. 이런 경우는 동물을 키울 수 없는 사람의 범주에 포함되지 않는다. 오히려 동물을 돌보고자 하는 그 마음은 매우 훌륭하다고 생각한다.

생명체들의 감정

- 고구마를 씻어 먹는 원숭이
- 귀여움에도 법칙이 있다
- 다른 사람의 개에게 "손!"은 대단한 실례
- 먹히기만 하는 소나 돼지도 태어나는 의미가 있을까
- 포식당하는 동물은 매일 살아 있다는 기분이 안 든다?
- 다시 태어난다면 가장 불행한 동물은 무엇일까
- 다시 태어난다면 가장 행복한 동물은 무엇일까

'동물은 본능만으로 행동한다.' 고 생각하는 사람이 많겠지만,
그런 일은 없다.
같은 어미에게서 태어난 강아지들도 성격이 모두 다르다.
이것은 고양이도 토끼도 햄스터도 모두 마찬가지다.
동물도 개성이 있다.
개성이 있다는 것은, 풍부한 감정이 있어서 여러 가지 것을 생각하고,
여러 가지 기분으로 살아간다는 말이다.
여기서는 그러한 이야기를 몇 가지 모아 보았다.

고구마를 씻어 먹는 원숭이

일정한 정도 이상의 고등동물은 모두 취미나 문화라고 해도 좋을 만한 어떤 것이 있다. 취미나 문화라는 것은 살기 위해서 당장은 필요 없는 행동의 변형들이다. 그래도 무언가 낭비가 될 지도 모르는 일을 함으로써 새로운 발전이 생겨날 가능성이 있다. 고등동물이 복잡하고 고등한 사회에서 살아가기 위해서는 항상 발전이 필요하다. 왜냐하면 그 종은 다른 종과 늘 경쟁하며 존재하기 때문이다.

인간도 아무 것에도 흥미를 가지지 않고, 취미도 없이 주어진 일만 하면서 매일매일을 보낸다면 더 이상의 진보는 없다. 생존 경쟁이 격렬한 고등동물일수록, 행동이 복잡해지고 본래 필요한 행동 이외의 행동을 하게 된다.

예를 들면 작은 새는 다른 종류의 작은 새의 노래를 흥얼거릴 때가 있다.

휘파람새가 우는 것은 자신의 종족 중 암컷을 부르는 행위지만, 잘 들어보면 자고새의 리듬이 들어 있는 경우도 있다. 이것은 분명히 놀고 있는 것이다. 먹기 위해서도 아니고, 짝짓기를 위해서도 아니다. 전혀 쓸데없는 짓을 하고 있는 것이다. 그러나 이로 인해 장래에 혹시나 새로운 커뮤니케이션 방법을 발견할 지도 모른다.

원숭이가 고구마를 바닷물에 씻는 것도 마찬가지다. 그것은 씻었다기보다도 짠 맛을 나게 하는 것이다. 그렇게 해서 결과적으로 진흙도 씻은 것이다. 왜냐하면 원숭이란 진흙이 붙어 있어도 아무렇지도 않게 먹어 버리는 동물이기 때문이다. 이와 같은 행동은 짠 것을 좋아하는 원숭이가 바다의 짠 맛을 더해 보니, 결과적으로 깨끗한 고구마가 되었던 것이다. 그것이 모두에게 유행되어 취미나 문화가 만들어진다.

온천하는 원숭이도 마찬가지다. 고구마를 씻는 원숭이도 그렇지만, 그렇게 하기 시작한 것은 젊은 원숭이다. 할아버지나 할머니 원숭이는 무서워서 여간해서는 온천에 들어가지 않았다. 무리한 짓을 해서 그 결과 돌파구를 여는 것은 젊은이다. 젊은이가 놀면서 온천에 들어가 있는 사이에, '뭐, 따뜻하구만.' 하고 생각해서, 무리 전원에게 온천 문화가 뿌리를 내리게 된 것이다.

도구를 사용하는 새도 있다.

갈라파고스 제도에 아메리카 대륙의 핀치(finch)라는 작은 새가 옮겨 와 살았다. 그러나 갈라파고스는 여러 섬으로 분리되어 있고, 각각의 섬은 환경도 제각각이다. 그래서 벌레를 먹어야 하는 무리가 있는가 하면, 나무 열매를 먹어야 하는 무리도 나타났다.

벌레를 먹어야 하는 무리는 각각 부리가 변화해 가는데, 그 부리만으로는 아직도 벌레를 잘 잡지 못한다. 그럴 때 이 새는 선인장의 가시를 꺾어 와서 그것으로 벌레를 후벼내든지 한다. 이것은 본능적 행동이라기보다는 오히려 문화에 가까운 것으로 보인다.

개에게는 인간적으로 더 알기 쉬운 문화가 있다.

환경에 따라 '키우는 사람의 문화'가 다르므로, 그에 맞게 개 세계의 문화가 만들어진다.

시골에 가면 마당에서 키우는 개는, 목줄을 매어서 함석지붕의 개집에 사는 경우가 많다. 잔반을 먹고, 더우면 구덩이를 파서 시원하게 한다. 이것은 그들의 생활 문화일 것이다. 반면에 도시의 맨션에서 키우는 개는, 추운 겨울에 밖에 나갈 때는 스웨터를 입고 신발을 신는다. 비 오는 날에는 비옷을 입는다. 멀리 갈 때에는 벤츠의 가죽 의자에 앉아서 간다.

이런 것들은 개의 문화라기보다 인간의 문화에 개가 함께 하고 있을 뿐으로 보인다. 하지만 그렇게 이야기할 수 없는 부분도 있다. 인간 문화 속에서 키워진 개는 벌거벗기면 부끄러워한다. '이런 거 벗어버려.'라고 벗기면, 개라도 싫은 것이고, 슬픈 것이다.

그것은 팬티를 입고 바지를 입고 신발을 신고 걸어 다니는 문화에서 자란 사람이, 적도의 뉴기니아 숲 속에서 벌거숭이로 사는 사람들에 의해 이상한 취급을 당하며 탈의를 강요 받을 때, 부끄럽고 슬픈 상황과 다를 바 없다. 반대로 마당에 묶여 있고 구덩이를 파서 자기

나름대로 더위를 피하는 개에게 옷을 입으라고 강요한 다면 몹시 싫어할 것이다. 적도의 뉴기니아 숲속에서 벌거숭이로 살아가는 사람에게 신발을 신기고 더블양복을 입히면 싫어하는 것과 마찬가지다.

그렇다면 이것은 이미 문화가 아닐까?

여러 가지 행위를 하기 때문에 다음 단계로의 진보가 있다. 아무 것도 하지 않는 동물일수록 그대로의 스타일로 살아갈 수밖에 없다.

취미가 문화가 되고, 문화가 살아가는 수단이 된다. 그러한 의미에서 인간만이 문화를 가지고 있는 것이 아니라, 모든 동물이 문화를 가지고 있다. 이것이 고등동물의 특징이다.

'놀이'는 취미와 조금 다르다.

놀이는 오로지 고등동물의 어린 시절에 이루어지는 모의 투쟁이나 모의 포식 행동이다. 나무토막을 물고 서로 끌어당기거나 맞붙어 싸우는 짓을 한다. 이것은 장래에 그 종족으로 살아가는 상식의 힘을 축적해 가는 학습의 시기이다.

인간도 옛날에는 여자아이는 소꿉장난을 통해 부

인이 되어가는 준비를 하고, 남자아이는 구슬치기나 총싸움 같은 것을 통해 전쟁에 나가는 준비를 했다. 장래에 할 일들을 어릴 때 연습하는 것이다. 이것이 생물학적인 놀이이다.

귀여움에도 법칙이 있다

포유류에는 '귀여움의 법칙'이라는 것이 있다.
    그것은 예를 들면 이등신과 삼등신으로 둥근 머리, 둥글고 크며 사이가 벌어진 눈, 그리고 송곳니나 손톱의 미발달, 운동 능력이 확실히 낮아 보이는 어설픈 동작, 요컨대 털도 적고 무력함이 느껴지는 포유류는 '귀엽다'고 생각하게 만들어져 있다. 그러므로 포유류의 새끼는 다른 종의 포유류가 보아도 귀엽다고 생각하고, 어미는 새끼를 지키는 것이다.
    귀여움의 법칙이 있기 때문에, 앞에서 소개한 늑대도 인간의 새끼를 귀엽다고 생각하여 키우는 것일 터이고, 인간도 늑대의 새끼를 보고 귀엽다고 생각하며, 코끼리의 새끼도 몸은 크더라도 귀엽게 보이는 것이다.

　조류에게도 이 포유류의 귀여움의 법칙과 매우 닮은 부분이 있어서 병아리는 귀여워 보인다. 따라서 키워서 먹으라고 병아리를 두고 가더라도 먹지는 못한다.

　그러한 법칙이 필요 없는 동물도 있다. 태어나자마자 어미로부터 금방 독립하여, 어미가 키울 필요가 없는 동물들이다. 구체적으로 이야기하면, 대부분의 파충류나 어류, 곤충 등이 그렇다. 어미가 보호할 필요가 없고, 단독으로 살아가기 위한 신체로 태어난다. 그러므로 모습이나 동작에서 전혀 귀여움을 느낄 수 없다.

　뱀 새끼가 달마 인형 같은 모습을 하고 있다면 귀엽지 않을까 생각한다. 하지만 뱀 새끼는 뱀의 모습이다. 형태만 보면 새끼인지 어미인지 알 수가 없다. 이것은 어미가 '귀엽네.'라고 생각할 필요가 없기 때문에 그렇게 태어나는 것이다.

　미숙한 형태로 태어나 어미가 귀엽다고 생각하면서 키워진 동물은, 고등한 사회생활을 영위하는 종족이다. 즉 새끼 시절에 본능 이외의 것으로 살아가야하는

생명체들의
김징

그 동물의 세상 구조를 어미로부터 배워야하기 때문이다. 고등한 사회에서 살아가기 위한 훈련기간으로서, 새끼시대가 있다는 말이다.

인간도 어린 시절에 본능 이외에 배워야할 여러 가지 공부를 해야 한다. 예를 들면 다른 사람 물건을 훔쳐서는 안 된다든가, 아무 데나 소변을 보면 안 된다든가, 도덕적으로 인간세계에서 살아가기 위한 교육. 그것은 성숙한 개체가 행하는 일이다. 본능만으로 살아갈 수 있을 정도로 단순하지 않기 때문에, 아이의 상태로 태어나, 부모와 주위의 성숙한 개체들로부터 배우면서, 한 사람의 성인이 되어 가는 것이다.

다른 사람의 개에게 "손!"은 대단한 실례

처음 보는 개의 머리를 갑자기 쓰다듬거나, '손!' 하면서 손을 내미는 사람이 있다.

개는 원래 머리를 쓰다듬어주면 기뻐하고, '손' 하면 손을 준다고 생각하는 사람이 많은 듯한데, 이는 큰 착각이고 오해이다.

우리 집 개는 나를 아버지로, 내 아내를 어머니라고 생각한다. '인간에게는 두 종류가 있다. 아버지와 어머니는 두 발의 인간. 딸인 나는 네 발의 인간.' 개는 그렇게 생각한다. (아울러 개는 '왜 나는 네 발의 인간일까' 하고 고민하거나 하지 않는다. 개는 겉모습에 따른 차별심이 없다.)

생명체들의 감정

그러므로 잘 모르는 사람이 갑자기 머리를 쓰다듬 거나 하면, 무섭고, 싫다. 경우에 따라서는 화를 낸다. 더구나 '손!'하는 것은, 잘 모르는 여성에게 술을 따르 라고 하는 것과 같다. 개까지 포함하여 모두가 함께 교 제하는 친구가 아니라면, 이런 행동은 개뿐만 아니라 키우는 사람도 싫어한다.

개는 주인의 명령이라면 무엇이든지 잘 듣는다. 그 렇다고 해서 모르는 사람으로부터 명령을 받을 근거는 없다. 물론 누구에게나 애교를 부리는 개도 있고, 싫어 도 꾹 참는 개도 있다.

하지만 그 중에는 참지 못하고 이빨을 갖다 대는 개 도 있다. 개를 모르는 사람은 이를 두고 '개가 물었다!' 고 하여 큰 소란을 피운다.

하지만 이것은 인간의 차원에서 이야기하면, 잘 모 르는 아저씨가 자신의 몸을 만지려고 해서 '안돼!'라고 하며 손을 뿌리치는 것과 같다. 개는 손을 능숙하게 사 용할 수 없기 때문에 이빨을 갖다 댈 뿐이다. 어지간한 것이 아니면 진심으로 물거나 하는 일은 없다.

다른 집 개와 친구가 되어 머리를 쓰다듬고 싶다

면, 우선 태연하게 한눈을 팔면서 천천히 다가가 개와 나란히 앉도록 하자. 개가 당신을 신경쓰기 시작하면 자신이 가진 물건을 보여주자. 개는 냄새를 맡기 시작하는데, 아직 손을 내밀지 말자. 우선은 옆에 나란히 앉아 서로를 무시할 수 있는 관계가 되도록 하자. 거기까지 도달할 수 있다면, 개는 아마도 머리를 쓰다듬게 해줄 것이다. 하지만 만약 개가 싫어하면 무리하게 강요하지 말고 포기하고 그 자리를 떠나는 것이 좋다.

생명체들의 감정

먹히기만 하는 소나 돼지도 태어나는 의미가 있을까

있다. 소나 돼지의 조상은 거의 멸종되었다. 하지만 가축으로서의 소나 돼지는 멸종되지 않았다. 왜냐하면 인간이 지켜주기 때문이다. 인간은 왜 녀석들을 지켜줄까? 비프스테이크나 소시지를 먹고 싶기 때문이다.

소나 돼지는 인간에게 가축화됨으로써 '종 전체의 존속'을 보장받았다. 개별적으로 보면 각각의 인생이 도중에 끝나게 되므로 불쌍하다고 여겨지겠지만, 돼지 종 전체의 입장은 '그 쯤이야.'라고 생각할 뿐이다.

인간도 70세나 80세 정도에 죽는다. 알다브라 코끼리 거북이의 입장(주로 아프리카 북중부 지대에 분포하며, 평균 수명은 100살이다.)에서 보면 '그렇게 젊은 나이에 죽다니 불쌍하군.' 하고 생각할지도 모른다. 그렇지만 그런 것은 쓸데없는 간섭이다.

인도네시아의 슬라베시 섬에는 바빌사라는 돼지의 조상에 가까운 멧돼지의 일종이 있다. 이들은 거의 멸종 상태에 다다랐다. 돼지가 되지 않았기 때문에 그렇게 된 것이다. 긴 송곳니를 쑥 내밀고, 그 긴 칼을 번쩍 쳐들면서 인간과 친해지지 않았기 때문에 지금 멸종의 길을 걷고 있다.

돼지 한 마리로 보자면 결국에는 햄이 되지만, 종족 전체는 인간이 필요로 하는 한 전멸될 리가 없다. 이만하면 돼지로서는 OK인 것이다. 그것이 가축이 구사하는 희생 전법이다.

멸종의 위기를 짊어지더라도 야생에 머물며 인간과 길항할 것인가, 아니면 개체는 인간에게 먹히면서도 종 전체를 멸종으로부터 보호받을 것인가? 요는 종 전체가 다른 종에게 이기면서 존속한다면 그 동물종은 성공한 것이다.

이렇게 보면, 동물 세계 안에는 인간의 개인주의

같은 것은 안중에도 없다. 동물 입장에서는 '자신을 찾아가는 여행' 등등을 운운할 틈이 없다. 인간도 자아 찾기라든가 있지도 않은 자신을 찾는 여행을 떠나기 전에 모두가 힘을 합쳐 인류 멸망의 위기를 극복해야 하는데도, '음……. 내가'라면서 여유를 부린다.

　　소나 돼지가 '하지만…….'이나 '내가…….'라고 한다면 바로 내일 멸종되고 말 것이다.

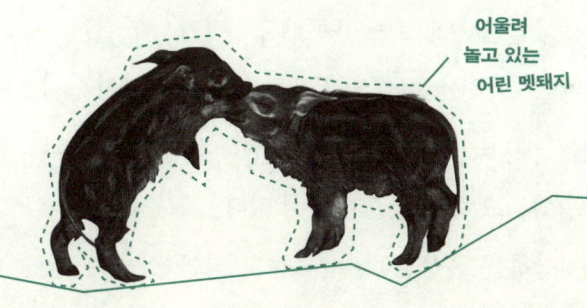

어울려 놀고 있는 어린 멧돼지

포식당하는 동물은
매일 살아 있다는
기분이 안 든다?

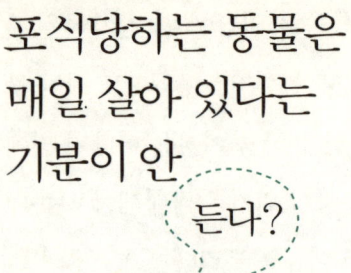

 포식당하는 약한 동물은, 많은 숫자로 포식자 동물에 대항하고 있다. 무리 중의 한 마리가 희생되는 사이에 다른 동물들은 도망칠 수 있다. 사자 등의 포식동물도 배를 채우면 필요 이상 습격해 오지 않으므로, 숫자가 많다는 것은 미리 희생될 놈도 감안한 숫자이다.
 인간적인 발상으로는 아무래도 '개인' 즉 각각의 개체단위로 '먹히는 녀석은 불쌍하다.'고 생각하겠지만, 동물들에게는 '종족 전체가 전멸하지 않는다면 그것으로 좋다.'고 하는 생존 전략이 있다.
 포식당하는 동물은 매일 동료가 죽는 것을 본다.

생명체들의
감정

'아, 오늘은 저 녀석이 당했구나!' 그것은 그들에게 이미 당연한 풍경이지 않을까? 본능적으로 '무섭다, 도망가야지!' 하는 기분은 당연히 가지고 있다. 하지만 인간적인 공포감으로 마치 생지옥같은 나날을 보내는 것은 아니라고 나는 생각한다. 그렇지 않으면 모두가 노이로제에 걸려 우울증 환자가 되어 버릴 것이다.

살아가는 이상, 정도의 차이는 있을지언정 많건 적건 늘 죽음의 위험은 있게 마련이다. 완벽하게 안전한 곳에서 살고 있는 동물은 없다.

인간사회에도 주변의 위험은 얼마든지 있다. 사자가 근처를 어슬렁거리는 그런 위험은 없더라도, 내일 자동차에 치일지도 모르고, 오늘 전철역에서 추락할지도 모른다. 식칼에 손을 베일지도 모르고, 갑자기 강도의 습격을 받을지도 모른다. 조심은 하지만, 그렇다고 매일 두근거리거나 벌벌 떨지는 않는다. 만일 우리의 일상이 두근거림과 벌벌 떠는 상태의 연속으로, 모든 위험을 회피하려고 한다면 밖으로 한 발자국도 나갈 수 없다.

기록영화 등에서 사자 가족이 털을 다듬고 있는 옆을 물소들이 보러 오거나 하는 광경을 자주 본다. 사자를 업신여기는 것 같은 녀석도 있다. '너 같은 녀석 어차피 아무 것도 할 수 없을 것이다.'라는 느낌으로, 젊은 사자 주변으로 아주 가까운 거리까지 다가오기도 한다. 사자가 으흥! 하고 위협하면 휙, 여유롭게 도망친다. 그러다가 또 바보취급하면서 다가간다. 사자가 화를 내면 그제야 멀리 도망간다. 이것은 횡단보도가 없는 도로에서 차를 바보로 여겨 손을 들고 건너는 스릴만점의 아저씨 같은, 그런 느낌이 아닐까?

약한 동물들의 생활은 기본적으로는 그다지 벌벌 떨지는 않는다고 생각한다. 까마귀와 참새가 같은 지붕 밑에 있기도 하니까. 매일 살아 있는 기분이 안 든다기보다 오히려 매일매일 사는 보람을 느끼는 것이 아닐까? 포식하는 쪽도 필사적이지만, 당하는 쪽도 목숨을 걸고 살아가는 것이니까.

늘 사자에게 위협 당하는 버팔로지만,
어린 육식 동물일 경우
오히려 위협을 느끼는 건 사자쪽이다.
검은 버팔로 물소는
아기 사자를 발견하면 죽인다.
숨어 있는 아기 사자.

물소와
아기사자

다시 태어난다면
가장 불행한
동물은
무엇일까

붕어에게 잡아먹히는 실지렁이 뭉치 중의 한 마리 실지렁이로 태어났다고 해서, 그 실지렁이가 불행하다고만은 할 수 없다. 그것은 실지렁이에게는 당연한 삶이다. 인간이 볼 때 불행한 것처럼 보이더라도, 의외로 본인들은 담담하지 않을까. 앞에서 서술한 사자에게 먹히는 물소도 마찬가지다.

사람들은 대개 다시 태어난다면 가장 강한 동물이 되고 싶다고 생각한다. 아는지 모르겠지만 가장 강한 동물에게는 가장 강한 동물 나름의 고충이 있다. 포식자 동물은 사냥할 수 없게 되면 죽는 것이다. 먹히는 쪽

생명체들의
감정

에서 보면, 먹히지 않도록 도망가면 그뿐이다. 먹는 쪽의 동물은 먹기 위하여 사냥을 계속하지 않으면 죽는다. 일상적으로 볼 때 사냥을 하는 쪽이 더 힘들 것이다. 여럿이서 풀을 뜯으며, 가끔 도망치는 정도의 생활을 하는 것이 훨씬 더 편안하지 않을까?

동물도 한 방향으로만 보지 말고 여러 방향으로 볼 경우, 행복과 불행은 어슷비슷한 것이 아닐까? 인간도 행복한 사람, 불행한 사람으로 구별하지만, 모두가 그 나름의 행복과 불행은 있다.

굳이 이야기한다면, 그러한 의미에서 모든 동물은 평등한 것이 아닐까? 그래서 불행도 행복도 없는 것이 아닐까? 더 나아가 나는 이 세상에 행복 같은 것은 없다고 생각한다. 달리 말하면, 잇달아 일어나는 불행을 극복하지 않고, 또는 극복할 노력을 하지 않고 살아가는 인간이 있다면, 그가 바로 가장 불행한 동물일 것이다.

실지렁이도 파리도 말똥구리도 사자도 코끼리도 침팬지도 인간도 모두 그 동물로서의 당연함 안에서 살아가기 때문에, 본인들은 행복하지도 불행하지도 않다. 하지만 생명체로 태어난 이상은, 끊임없이 자신의 정신, 생명, 또는 생활을 위협하는 문제가 발생한다. 그것을 극복하는 순간이 행복이라고 한다면, 그런 노력도 하지 않거나 포기해 버린 사람이 가장 불행한 것이다.

생명체들의
감정

다시 태어난다면 가장 행복한 동물은 무엇일까

어떤 동물이든 각각의 행복은 있다.

다만 행복의 낙원은 그 어디에도 없고, 잇달아 일어나는 곤란이나 불행을 극복한 순간이 행복이라 한다면, 많은 곤란을 겪는 동물이 가장 행복할지도 모르겠다.

그렇다면 자신이 살기 위한 것 이외에, 다음 세대를 남기기 위하여, 그리고 그 사회 안에서 살아가기 위하여, 여러 가지 곤란이 가장 많은 동물은 역시 인간이다. 곤란을 그 때마다 극복할 수 있는 용기와 각오가 있다면, 극복할 수 있는 곤란이 더 많은 인간이 가장 행복한 것이 아닐까.

「서유기」에서 삼장법사와 손오공 일행은 연달아 나타나는 요괴나, 여행지의 마을에서 일어나는 난제들을 이겨내면서 천국인 천축을 지향했다. 누구나 다 추구하고 있지만, 어디에 있는지 알 수 없는 꿈의 나라 간다라. 그곳은 거기에서 행복의 나라를 추구하는 여행이 아니라, 도중에 일어나는 곤란을 극복한 바로 그 순간의 행복을 맛보는 여행이었던 것이 아닐까.

만약 술도 맛있고 여성들도 아름다운, 그런 낙원이라는 곳이 있다고 하자. 그곳에 가면 짧은 시간의 행복은 있겠지만, 반드시 다른 욕구가 생길 것이다. '모두 지겨워. 이번에는 전쟁을 해 보고 싶다.'라든가. 욕망은 원래 끝이 없다.

요컨대 행복이란 극복해야 할 불행이다. 그렇게 생각하면 불행한 사람일수록 행복하다는 말이 된다. 나는 그렇게 생각한다.

생명체들의
감정

저자 후기

수많은 동물 관련 책들 중에서 이 책을 선정해 주신 것에 대해, 그리고 마지막까지 읽어 주신 것에 대해 진심으로 감사드립니다.

생물권에서 독립한 인간권에 내포된 인간사회, 그렇게 아주 작은 틀 안에서 바쁘게 살아가는 것을 강요당하고 있는 여러분은 '한 사람의 인간'으로서 살아가는 데 있는 힘을 다하고 있으므로, 아마도 시간적으로나 정신적으로 작은 생명체들에 대해 염려할 여유가 없을 것이다.

특히 성인이 되면 그러한 경향이 더 뚜렷해진다.

주식매매에 열중하고, 하루 종일 모니터를 보면서 마우스를 똑딱거리는 일이 멋있는 한 사람의 어른이라고 여겨지는 요즈음, 나처럼 탱자나무에서 자라는 호랑나비의 번데기나 관찰하고 있노라면 속세를 떠난 사람이거나 또는 이상한 사람 취급을 받기도 한다.

그러나 한 사람의 사회인으로서 인정받고 있는 사람의 다수가 한결같이 자연과학에 흥미를 가지지 않고, 인간사회에서만 통용되는 지식만으로 살아가는 것을 보고 있으면, 왠지 슬픈 기분이 드는 것이 솔직한 감상이다. 마치 영화 '혹성탈출'에 나오는 '옷을 입은 원숭이들'을 보고 있는 것 같은 기분이 된다.

스크린 안에서 그들의 신은 역시 원숭이의 모습을 하고 있다.

이 세상에서 원숭이가 가장 고등하다고 믿고 행동하고, 때로 폭주한다는 내용의 문제를 깊게 읽어내지 못하는 관객에 대해 이야기하면 '바보 인간, 바보 원숭이를 보고 웃다.'가 되어버린다.

인간도 또한 다른 생명체들과 마찬가지로 입으로 먹고 항문으로 배출하는 이상은 생명체의 한 종이고,

이 사실로부터 도망갈 수 없다. 그러므로 순순히 생명은 평등하다는 것을 인정하고, 자신도 또한 자연의 일부라는 겸허한 마음으로 살아가기 바란다.

오직 그러한 생각의 전환만으로도 지금까지 보이지 않았던 것이 잇달아 보이게 될 것이다.

만난 적도 없는 메일 친구의 이름으로 휴대폰의 주소록을 채울 것이 아니라, 뇌의 여백 부분을 자연과학의 지식으로 채워 주기를.

그렇게 함으로써 여러분의 시야는 두려울 정도로 확대되고, 밤하늘의 별들, 하늘을 뒤덮는 비구름, 종국에는 숲의 나무나 길가의 자갈까지도 대화를 나눌 상대가 될 것이다.

그것은 아이들을 상대로 돈벌이밖에 생각하지 않는 어른들이 만들어 낸 역할극보다도 훨씬 더 끝이 없는 세계이므로, 누구나 열중하게 되는 현실이기도 하며, 뇌수를 발달시키는 마음의 영양제로 가득 차 있다.

지구상의 여러 사물들에 흥미를 나타내는 과학적이고 지적인 정신의 육성은 매우 소중하다.

그로부터 시작되는 생명에 대한 이해가 여러분의

마음을 풍요롭게 한다면, 작은 동물이나 타인에 대한 배려의 마음이 싫어도 생겨나고, 사회적 동물인 인간으로서의 우위성을 확보할 수 있다.

또한 이 세상 이 시대에 삶을 받아, 인생을 열심히 살아가는 의미를 확인할 수 있게 될 것이다.

그것이 좋은 의미에서의 인간다움의 시작이고, 인류로서의 특별한 능력을 발휘할 수 있는 토대라고 믿는다.

이런 생각은 강요하더라도 쓸모없는 것이므로, 그러고 싶다고 생각하는 사람이 그렇게 하면 된다고 생각하지만, 적어도 이 책을 읽는 독자들은 그러한 소질이 있다고 생각한다.

마지막으로 이것만은 기억해 주시기를······.

자연계가 만든 세포들은, 인간이 만든 그 어떤 기술과도 비교가 되지 않을 정도로 복잡하다. 그러므로 여러분, 일생동안 자연과학에 많은 관심을 가지고 사람으로서의 완성을 지향해 주십시오.

이 책이 세상에 나오게 된 계기를 만들어 주시고, 가슴 졸이면서 마감일을 기다려 주신, 너무나 열심이

신 담당자분이자 예술가인 요시자키 히로토(吉崎宏人)님과, 세상이 독서로부터 멀어져 가는 중에, 항상 고상한 서적을 발간하여 인류의 지성을 유지하는 데 애써주고 계시는 치쿠마쇼보(筑摩書房)에 이 지면을 빌어 감사를 드리는 바이다.

풍란의 꽃봉오리를 감상하며,
심야의 서재에서

노무라 준이치로(野村潤一郎)

지구를 생각하는 Green Series
기획위원
임경택(전북대 교수)
오정훈(연합뉴스 기자)

털 빠진 원숭이, 진화론을 생각하다

2010년 09월 20일 1판 1쇄
2011년 10월 26일 1판 2쇄

지은이	노무라 준이치로
옮긴이	임경택
편집	문준형, 김은경
디자인	소와디자인_ 이금주
CTP	(주)한국커뮤니케이션
인쇄·제책	프린팅 활로
펴낸이	柳炯植
펴낸곳	(주)소와당笑臥堂
신고 번호	제313-2008-5호
주소	(121-894)서울시 마포구 서교동 377-26 비전코리아 2층
전화	편집부 (02)325-9813 영업부 (070)7585-9639
팩스	(02)3141-9639
전자우편	sowadang@gmail.com

저작권자와 맺은 협의에 따라 인지를 생략합니다.

값은 뒤표지에 있습니다.
잘못 만든 책은 서점에서 바꾸어 드립니다.

ISBN 978-89-93820-20-1 44400
ISBN 978-89-93820-22-5 44400(세트)